王欣欣 著

工业产品设计中的造型与表达

新华出版社

图书在版编目 (CIP) 数据

工业产品设计中的造型与表达 / 王欣欣著 . –– 北京：
新华出版社 , 2019.1

ISBN 978–7–5166–4487–4

Ⅰ . ①工… Ⅱ . ①王… Ⅲ . ①工业产品 – 产品设计
Ⅳ . ① TB472

中国版本图书馆 CIP 数据核字（2019）第 023599 号

工业产品设计中的造型与表达

作　　者：王欣欣

责任编辑：王　婷

出版发行：新华出版社

地　　址：北京石景山区京原路 8 号　　　　邮　　编：100040

网　　址：http://www.xinhuapub.com　　　http://press.xinhuanet.com

经　　销：新华书店

购书热线：010–63077122　　　　中国新闻书店购书热线：010–63072012

照　　排：北京静心苑文化发展有限公司

印　　刷：北京亚吉飞数码科技有限公司

成品尺寸：170mm × 240mm　1/16

印　　张：16.5　　　　　　　　字　　数：214 千字

版　　次：2019 年 7 月第一版　　　印　　次：2024 年 9 月第二次印刷

书　　号：ISBN 978–7–5166–4487–4

定　　价：65.00 元

图书如有印装问题请联系：010–82951011

前　言

　　工业产品设计不同于工程设计，也不同于艺术设计，它要考虑更多的产品因素和结构性能指标，强调注重工业产品形态的同时，还必须强调产品形态与功能、与生产相统一的经济价值。现代意义上的产品设计是以工业化大批量生产的产品为设计对象，以现代化大工业和激烈的市场竞争为前提而进行的一项创造性的活动，是将工程、工艺与美学、艺术融为一体，以创造具有实用价值和审美价值的产品为目的的一项活动。

　　工业革命前大批的匠师、艺人创造了无数技艺精湛、美轮美奂的工艺品，随着工业革命的发生、发展，人类由长期的个体手工劳作跨入了机器大工业生产时代，产品设计开始逐渐实现批量化、标准化。然后，随着商品经济的发展，时代的进步，市场竞争的激烈，消费者核心地位的不断提高，"以人为本"的设计理念成为现代产品设计的全新概念。多种多样的产品也对人类生活产生了巨大的影响，并逐渐构成一种历史现象和一种文化现象，提高人们的生活水平。在工业产品逐渐被更多人重视的背景下，笔者撰写《工业产品设计中的造型与表达》一书，对产品的造型和表达进行综合性的论述。

　　全书分为六个章节，第一章是对工业产品设计的概述，介绍了工业产品的相关概念和新时期工业产品的研究及现状；第二章是产品设计造型的概述，从产品造型的形态认识、形态与美感、设计与体验创新几个方面来认识产品设计的造型；第三章是产品设计的表达基础，对产品设计的美学法则、视觉效果和细部处理三方面进行论述；第四章是工业产品创新设计思维，全章对创新思维做了全面的论述；第五章是工业产品造型设计程序，详细解读了工业产品造型设计的过程；第六章是工业产品设计的案例赏析。

工业产品设计面临着最好的发展时代，尤其是我国工业设计高速发展的机遇，在市场和教育方面都显得越来越重要。如今消费者多元化的需求向产品设计教学与实践提出了更高的要求，设计者需要将技术与文化、环境、美学、市场等因素结合起来进行系统考量，产品不仅在功能和性能上要满足用户的需要，更要在产品的形态、肌理以及情感表达上满足用户的需求。本书希望读者能更清晰地理解工业产品造型设计的复杂性与专业性。

本书在写作上以工业产品设计的造型为主，重点介绍了工业产品的设计与表达，力求体现其特色以及设计实践的基础特性，强调理论联系实际。产品设计的造型、表达、设计思维以及设计的程序，全方位为我们展示了工业产品设计的各个方面。同时，在写作的过程中也包含了笔者在工业产品设计教学和实践活动中的思考与感悟。

笔者结合各理论观点，在最后一章引入国内外经典优秀的设计作品进行解析。在对这些作品的分析过程中，笔者针对每一件作品都进行了详细解读，使读者在丰富精彩的案例解析中领悟产品造型设计的相关知识点，轻松掌握产品造型设计的新观念、新思路、新方法和新技巧，了解产品设计所必须具备的知识与素养。并结合前面五章的论述内容，使读者对工业产品造型与设计有更加深刻的认识。

在本书的撰写过程中，作者不仅参阅、引用了很多国内外相关文献资料，而且得到了同事亲朋的鼎力相助，在此一并表示衷心的感谢。由于作者水平有限，书中疏漏之处在所难免，恳请同行专家以及广大读者批评指正。

作　者

2018 年 8 月

目　录

目 录

第一章 概 述

工业产品属于工业设计的范畴,是随着社会的发展、科学进步而发展起来的一门新的学科,从诞生之日起就一直带来惊喜,如今工业产品设计的范围越来越广,吸引了更多人的加入。本章是对工业产品的概述。

第一节 关于工业产品

工业产品都是人为形态,即都是为了满足人们的特定需要而创造出来的形态。任何一种工业产品,其物质功能都是通过一定的形式体现出来的。同一功能技术指标的产品,外观形象的优劣往往直接影响着产品的市场竞争力。工业设计研究的主要内容之一就是在满足产品功能技术指标的前提下,如何使产品具有美的形态,使其更具市场竞争力。

一、现代产品观念

对产品的传统理解是指具有一定效用的物质实体性的产品。也就是说,某一产品的存在,必须以产品的功能作为产品存在的前提条件。这种理解是基于产品的实用性(与适用性不同)和物质性基础上的。而现代的产品观念则是指为满足人们需求而设计生产的具有一定用途的物质产品和非物质形态的服务的总和。因此,产品应当包括以下三方面的内容:

（1）实体产品提供给消费者的效用和利益。

（2）形式产品质量、品种、造型、规格、款式、商标、包装等。

（3）延伸产品的附加部分，如维修、咨询服务、分期付款、交货方式等。

现代的产品观念实质上是从消费者的需要出发，而非单纯从工程技术实现的角度来理解产品。现代产品的观念把"人"放在第一位，而非把"物"放在第一位；现代产品观念结合了市场营销的观念，从环境、竞争、利益、社会发展平衡等多个角度诠释产品——功能的载体这一现象。

产品设计的动机就是为了满足人们的物质与精神享受的各种需求。美国著名心理学家马斯洛的需求层次论有助于读者对现代产品观念的理解就是人的需求是有层次的。人的需求层次共分七层，从最低到最高层次依次为：生理的需求、安全的需求、归属的需求、尊严的需求、认知的需求、审美的需求、自我实现的需求。

从上面的七个需求层次来看，物质需求是人类的基本需求。但随着社会的发展与进步，在物质需求得到基本满足以后，人类的需求将从物质层面需求逐渐向更高层次的精神需求转化。现代产品观念中的形式和延伸，在一定程度上体现了这种转化。

比如，最初照相技术的应用，是由于感光材料与快门机械技术的发展，使得人像能够快速地拍摄下来，某种意义上，它取代了画像艺术，使人能够在不具备画像技术的前提下，同样也可以取得逼真的画像。但最初的相机涉及光圈、速度等技术参数，对相机的使用需要操作者具备一定的技术水平。随着电子技术的发展，一些控制技术的应用，出现了全自动的所谓的"傻瓜相机"，任何人只要对准拍摄物，按下快门即可拍摄。随着计算机的应用和发展，以及信息存储技术的发展，新一代的"数码相机"出现，使得摄影技术发生了革命性的变化。物质功能仅仅是消费者一方面的需求，精神方面的需求在不断发生变化。一些高档"数码相机"的外观，更接近传统的"手动"形态，体现出摄影爱好者的"高操作技术"心态(图 1-1)。

图 1-1 奥林巴斯微单相机

高新技术在促进着新产品的出现,同时也在促进着新的情感诞生。造型设计能够体现时代的思想,能够体现人类的生活方式和审美意识与情趣的演变,同时也能够反映社会科学技术的发展水平。用现代的生产技术手段,经济高效地生产出符合人性化的、满足人类社会不断发展变化的情感需要的产品,是时代对设计业与制造业的要求。

二、产品设计的相关内容

产品设计是人类为了生存发展而对以立体工业品为主要对象的造型活动,是在追求功能和使用价值的重要领域的同时,追求满足人类心理及生理的需求,完成人类与自然的媒介作用。

工具和语言都是人类意识活动的结果,可以说,语言是思想的直接现实,工具是思想的间接现实。这段话恰好是"设计"涵义的充分表达:人类为了联系人与大自然的关系,在工具的世界中创造设计了各种产品;为了连结人与人之间的关系,在通信传达的世界中创造设计了记号、符号;为了调和人类社会与大自然之间的关系,使之趋于平衡,出现了环境设计。其中产品设计在设计领域中占了很大分量。

产品设计的本质是协调人与物之间的关系,具体表现在实用性,社会性和美感三个方面。实用性,即物品使用的价值和功能;社会性,即指物品在生活中扮演的角色;美感即物品给人类生理和心理所带来的愉悦感受。

产品设计源于社会的物质生产,是与人们的生产、生活密切相关的。从原始的器物造型到现代工业产品的造型,人们都是按照不同时期的技术条件、生活水平和审美观点创造各类不同的生产、生活用品的。在现代工业社会里,随着社会物质生活和文化生活水平的提高,人们对这些产品的要求也愈来愈高。无论是结构性能所表现的实用性,还是外观形态所表现的艺术性,都是衡量产品价值的主要方面。今天,工业产品已经深入到人们生活、工作、生产、劳动的每一个角落,从家庭日用品、家用电器、服装、家具到各类生产设备、仪器仪表、办公用品以及公共环境中的各类交通工具、公共设施等,都涉及产品造型设计。所以,产品设计具有非常广泛的社会性,它直接影响和决定人类生活、生产方式,是人类社会生活中不可缺少的重要组成部分。

(一)产品设计的要素

产品设计关系到众多要素,进行产品设计的过程中,要考虑的并非是一种要素,而要考虑很多要素之间的综合关系。在设计中如何协调诸多要素的关系,是产品设计成功与否的关键。

随着社会经济和科学技术的发展,特别是人们精神需要的增强。对产品设计提出了更多更高的要求。因而产品设计要素被赋予了新的内涵,正是基于此,我们把产品设计的各种因素综合考虑,并将其分为六个方面,分别是人的要素、技术要素、环境要素、审美形态要素、经济要素以及文化要素。

1.人的要素

人的要素(Human Factors)是产品设计的最基本要素,是产品设计的关键所在。因为任何设计都是从人的需要出发。最后到满足人的需要为止,能否满足消费者的显在和潜在的需要才是评价设计优劣的唯一标准。离开了人的要素,设计将失去生命力,犹如植物失去土壤,不但无处着力,更将逐渐走向枯萎。设计中人的要素既包括生理要素同时也包括心理要素,如人的需求、价值观、行为意识、认知行为等。

产品设计以人为核心,具体体现在设计出的产品要满足人们对其功能上的要求。人类有各种各样的需要。这些需要促使产品发生变化,并且影响着人们的生活意识和认知行为。在前文中我们提到马斯洛的七个需求层次,在产品设计的过程中就要逐步满足这几种需要。

2. 技术要素

技术要素主要是指产品设计时必须要考虑的生产技术、材料与加工工艺、表面处理手段等各种有关的技术问题,是使产品设计构想变为现实的关键因素。现今社会,日新月异的现代科学技术为产品设计师提供了大量的设计新产品的可能条件,反过来,产品设计也使无数的高科技成果转化为具体的功能产品,满足人们不断发展的各种需要。

高科技的迅速发展,正逐步改变着人类生产生活的方方面面。给许多设计师提供了展示设计才能的机会,同时众多的时代性设计风格也应运而生。产品流行性趋势的形成是这一时代的科学技术和由此带来的生活状况的变化,以及由此形成的生活、文化和审美三者综合力量的显示。

随着科学技术的不断发展,各种新原理、新技术、新材料、新工艺、新结构在产品设计中得到了推广和应用。科技的新成就对产品艺术设计有着决定性影响。例如,电子学的发展和电子技术的应用使产品功能范围扩大,使产品体量微型化;空气动力学的研究成果决定了高速交通工具的外形呈流线型;另外如材料学、力学、光学、电学等的研究成果无不对产品的艺术造型产生影响。因此,要想更好地进行设计、准确地把握设计潮流与独特的创新意识。工业设计师就必须时刻关注科学技术发展的新动向,掌握各种最新材料的性能和特点,懂得适应各种造型特点的各种材料的结构、加工工艺等以及最新的技术发展成果和可以被直接采纳和应用的最新技术。

3. 环境要素

任何产品都不是独立的,总是存在于一定的环境中,并参与组成该环境系统。

环境要素主要指设计师在进行设计时周围的情况和条件,产品设计成功与否不仅取决于设计师的能力、水平,还受到企业和外部环境要素的制约与影响。这些外部环境要素包括的内容众多,如政治环境、经济环境、社会环境、文化环境、科学技术环境、自然环境……这些环境要素对产品设计都有着不同程度和不同方向的影响。

产品总是存在于特定的环境中,只有与特定的环境相结合才会具有真正的生命力。同类产品的设计重点,可能因使用环境的不同而有明显区别,例如,座椅设计,家居环境用椅要温暖舒适;办公用椅要大方简洁,有利于提高工作效率;而快餐厅、公共休憩处为加快人员流速,其用椅往往有意设计成让人坐着方便但不太舒服。

未来的产品设计尤其应该重视与自然环境的协调性,设计的重点将是最大限度地节省资源,减缓环境恶化的速度,降低消耗,满足人类生活需要而不是欲望,提高人类精神生活质量。由此而产生了"生态设计"概念,既考虑满足人类需要,又注重生态环境的保护与可持续发展原则。

4. 审美形态要素

产品设计是一种具有美感经验、使用功能的造型活动,所以产品设计与审美有天然的关联。产品设计之美也要遵循人类基本的审美意趣,我们耳熟能详的一些设计法则,如比例与尺度、均衡与稳定、对比与统一、节奏与韵律等,都可以运用到产品形态设计方面,以达到人们要求视觉审美的目的。当今产品设计中的审美形态,不仅继承了机械的几何时代的构成方法,也继承了新包豪斯学院推出的符号学理论,并且对其中多种风格特征加以修正共生,并引入了对地域文化、人文精神的探讨,形成了一个多彩斑斓的产品审美形态世界。

5. 经济要素

"经济基础决定上层建筑"是马克思在《资本论》中阐述的基本道理。一个国家、一个地区经济基础的好与差,直接影响到工业的发展,影响到科学技术的进步,影响到社会价值观的提升以及人们的处世态度、生活品位、生活情趣等,也必然影响到工业设计。

6. 文化要素

工业设计脱离不了文化,有文化底蕴的设计往往才是最具生命力的设计。

雅典奥林匹克火炬(图 1-2)由著名设计师安德雷亚斯·瓦罗佐斯(Andreas Varotsos)设计,他从橄榄叶中获得灵感,通过火炬的传递将橄榄叶象征的和平信息传遍全球,又与奥运会的会徽相呼应(2004 年雅典奥运会的会徽是一圈橄榄树的叶子)。雅典奥运火炬的外观设计类似橄榄树叶,外壳形状是根据树叶的线条形成,好像一个卷起的橄榄树叶,里面包着火炬盘和燃料盒,下面则是橄榄原木的手柄。火炬整体由金银两色组成,外壳的"橄榄树叶"由镁金属制成,呈镁金属的原色——银白色,同时也有象征神圣纯洁之意,手柄则是橄榄树的原木色——金色。

(二)产品设计的类型

产品设计的对象与范围极其广泛,在不同的时代、不同的技术条件、不同的社会时尚影响下,会形成不同风格、不同方向的产品设计。产品设计的类型也可以根据不同的标准做不同的分类。这里以对产品设计的最终定位为划分依据,将产品设计分为改良设计、方式设计和概念设计三种。

图1-2　雅典奥林匹克火炬

1. 改良设计

改良设计是指在现有的技术和设备、生产条件和产品基础上进行的设计,是对现有产品的使用情况、现有技术、材料和消费市场进行研究基础上的改进设计,使产品更适合人、社会及环境的要求,也是增强产品竞争力的有效手段。在日本,往往每隔半年就有新一轮产品上市。这些"改良"设计往往只是对前一轮产品的缺陷与不足进行不多的修改的产品,或着重于产品的外观造型及色彩的变化,以博得人们购买商品时不断求新求异的心理需求。如对手机的改良设计就比较注重外观造型的变换,随着手机的不断普及,消费者的差异化越来越明显,多层次的需求越来越强烈,对手机外观设计的要求也越来越高。他们往往对外观设计平庸或雷同的手机不屑一顾,而对外观设计特点明显并符合自己身份的手机情有独钟。

通常技术性能好、质量优良又有社会需求的产品,其功能、结构和原理基本固定,仅对其表现功能的形式、结构形态的组合方式等进行改良设计,以提高使用方式的合理程度及增加产品的附加值。对于许多传统的产品往往忽略了产品与人的协调关系。改良也可以此为基本出发点,强调产品适应人这一现代设计观念,创造出与人的生理、心理相协调的、具有合理使用方式的新产品。

2. 方式设计

方式设计是指着重对人的行为和生活难题进行研究以后,设计出超越现有水平,满足人们新的生活方式所需的产品样式,其所强调的是生活方式的变革。

方式设计的本质在于设计的创造性,是一种针对人的潜在需要的创新设计。它要求从人的需求和愿望开始,并对这种需求和愿望的未来发展做出科学、准确的预测。在此基础上,广泛地运用当代科学技术成果和手段,对产品的功能、结构、原理、形态、工艺等方面分别进行全新的设计,为人们的生活、生产、工作创造出前所未有的新产品,有效地促进社会物质文明和精神文明的发展。

方式设计总是将设计的重点放在研究人的行为、价值观念的演变上,研究人们生活中的种种难点,从而设计超出当前水平以适应新生活方式的崭新产品,也进而造就一系列划时代的生活模式。例如,移动电话的问世,使人们的生活方式发生了根本性的改变。无论身居何处,都可以使用移动电话与家人、朋友进行沟通和交流,大大扩展了生活空间,加快了生活节奏,同时也提高了生活质量。

3. 概念设计

概念设计不考虑现有的生活水平、技术和材料,而是根据设计师的预见能力所达到的范围来考虑人们的未来,它是一种开发性构思,是对于未来的从根本概念出发的设计,这种设计往往是对现有的、已倾向于约定俗成的观念的否定和批判,并且融汇了颇为强烈的超前意识和艺术成分,也常常直接影响到设计风格的发展趋向,有时它所表现的内容在短短几年内便成为改良设计或方式设计的主题。从市场需求的角度来看,概念设计的超前性由于是建立在人们对于未来的预想和愿望的基础上,因此,它的创造性同时也决定了它对于市场需求的创造性意义,如各大汽车公司每年都会推出别具新意的"概念车"(图1-3)。

图1-3　阿斯顿·马丁DP-100概念车

三、工业设计的认识

大批量的工业生产和激烈的市场竞争是工业设计发生和发展的两个基本前提。能源革命激发了产业革命,形成了现代化的大生产,批量的工业生产又带来了商品经济的激烈竞争,正由于这些机遇,推动了工业设计的蓬勃发展。

(一)工业设计的基本概念

当我们提到设计,往往会使人想到两种对象、立场、观点与方法都截然不同的设计:工程设计和艺术设计。

为了制造具有某种用途的产品时,就要客观地进行具体地规划计算,求得满足功能的一种合理的机构,并用确切的表达手段将它表现为可直接交付生产的图纸与文件,这一过程就是工程设计。

而艺术设计则重在表现出最能符合主观审美意识的形态、色彩等外在的形式。事实上,在形成真正的现代工业设计概念之前,的确同时存在着这两种不同的设计概念,工程师与艺术家站在各自的立场上。以各自不同的观点去理解设计,以各自不同的方式进行着设计活动。

工业设计泛指工业生产领域为产品进行的设计活动,也可以说工业设计是将工业化赋予可能的、综合而有建设性的设计活动,工业是最本质、最直接的对象。在将某一对象物转化为工业化产品时,自然要融合自然科学、社会科学、技术、艺术、人文环境等因素于一体,使工业产品的外观、性能、结构相协调,在确保产品技术功能的同时,给人以美的享受,以满足消费者物质与精神的双重需求。其服务宗旨在于满足大众的需要,给生活带来方便,保护自然环境,创造适合人们生活的条件。

工业设计是一门新兴的交叉、综合学科,是科学与美学、技术与艺术、经济与人文等多学科知识相联系的完整体系。

由于习惯观念的影响,有些人对"工业设计"还存在片面的或不正确的认识。例如,有人认为工业设计的主要任务只是在工程技术设计的基础上对成型产品进行一些美化工作而已。著名美学家艾·苏利奥曾指出:把工业设计看作是来自工业产品的装饰艺术,这是一种误解。工业设计也不同于工程技术,它包含美的因素,但是这种美不能单纯理解为产品的美观设计。工业设计中艺术和技术的结合不是外在的,而是渗透在产品结构之中,目的在于获得尽善尽美的产品。这种完美不是在产品上再没有什么可以增添的了,而是再没有什么可以去掉的了。

设计是一种以视觉感受为基础的工业产品的造型活动,是一种形态的生成、变换和表达。工业设计研究的是一切技术领域中有关美的问题,是以机械技术为手段的造型活动。

"工业设计"一词已经得到国际上的认可,并成为国际上的通用语,其涉及的内容和范围愈来愈广泛,包括整个人类的需求和欲望。

(二)工业设计的定义

"工业设计"一词是工业化的产物。随着工业的突飞猛进,社会、经济、科学技术的不断发展,它的内容也在不断地更新、充实。其领域不断扩大。从设计史来看,有关工业设计的内涵随着时代的发展,不断变化和扩展,其定义也在不断充实完善。人类社会的发展已进入了现代工业社会,设计所带来的物质成就及其对人类生存状态和生活方式的影响是过去任何时代所无法比拟的,设计内涵的发展也更加广泛和深入,现代工业设计的概念也应运而生。由于人们在该学科研究的侧重面不甚相同,因而对该学科含义的理解可分为广义的和狭义的两种,即广义的工业设计和狭义的工业设计。

广义工业设计是指为了达到某一特定目的,从构思到建立一个切实可行的实施方案,并且用明确的手段表示出来的系列行为。它包含了一切使用现代化手段进行生产和服务的设计过程。

狭义工业设计单指产品设计,即针对人与自然的关联中产生的工具装备的需求所作的响应。包括为了使生存、生活得以维持与发展所需的诸如工具、器械与产品等物质性装备所进行的设计。产品设计要考虑产品的功能、材料、构造、工艺、形态、色彩、表面处理、装饰等各种因素,从社会、经济、技术的角度进行综合设计。产品设计的结果要具有物质功能和审美功能,来满足人们的物质需求和审美需要。

(三)工业设计的性质和特征

1. 工业设计是一项创造性的活动

创造性是工业设计的灵魂和核心,对于任何一件工业设计作品的评价,创新总是第一位的评价要素。没有创新,就没有工业设计的价值。

创造应是创意和原发性的思想相结合,对工业设计而言,还需要结合相关的科技知识,并有一定的实用性、审美性和可操作性。一般来讲,工业设计是一项综合性的规划活动。是一门技术与艺术相结合的学科,同时受环境、社会形态、文化观念以及经济等多方面的制约和影响,所以工业设计师除了要具有批判精神和挑战传统的意识,勇于探索和自我否定的精神,还必须对新观念、新技术、新材料有高度的敏感。

2. 工业设计研究的是人—机—环境整个系统

工业设计针对的是在批量生产的前提下对产品及系统加以分析并进行创造和发展,最终取得产品与人之间的最佳匹配。这种匹配,不仅要满足人的使用需求,还要与人的生理、心理等各方面需求取得恰到好处的匹配,这恰恰体现了以人为本的设计思想。在进行工业设计时,要将科学与技术二者综合运用到设计对象中。从而开发出既具有强大的功能,又具有现代艺术美感,追求精神功能和物质功能并存的实用美的产品。所以工业设计受经济法则、自然法则和人—机—环境因素制约,其结果是为了满足人的生理和心理两方面的功能,具有某种实用性能,同时具有形式美的特点。

工业设计与工程设计是完全不同的两个设计,两者站在不同的角度上审视产品,采用不同的思维和方法来解决不同的问题。在任何产品中都存在着"人与物"和"物与物"的关系,处理这两种关系,决定了工业设计与工程设计在现代工业分工中的分工与合作。

工程设计解决的是产品中"物与物"的关系。而工业设计主要关心与人相关的外部环境系统,解决"人与物"的关系,即人与产品、社会、环境的关系,将设计对象放在一个包括人和环境的大系统中进行考虑,探求产品对人的适应形式。人与产品、环境的关系,是对使用者生理和心理直接发生影响的因素,即决定该产品是否好用。产品是由人来控制的,因此,在设计产品时,要从使用者的角度考虑,对产品所处环境进行分析,使其成为一个协调的系统。

工业设计完全不同于工艺美术。工艺美术产生于农业文明时代,是手工艺生产方式的产物,是单独生产的,其主要功能用于陈设和欣赏,强调形式美,追求以装饰为目的的"外在美",并且设计者、制作者甚至于欣赏者都可能是一个人。工艺美术的产品是以天然材料为主,运用、处理这种材料的某种技艺,最终结果与制作者的才能、爱好、经验有很大的关系。

工业设计也不同于纯艺术。工业设计具有艺术、美学的成分，但它绝不是纯艺术。纯艺术是从个人角度出发，从个人的社会价值观界定对美的认知。工业设计提倡的是多元化审美观，是要从产品的整体上去把握和规划、平衡构成产品的各方面因素。它不以表现个人主观感情和喜好为目的，而是要从消费者的心理诉求和需求出发，倡导新的生活方式，提供能让消费者身心愉悦、使用方便、可靠的优质产品，以服务于大众。

3. 工业设计对产品生命周期全过程进行规划设计

工业设计师从产生需求愿望开始就加入了他的规划思维，加入了他对需求对象的探求、分析和判断，在构思、定位、创意、规划、设计、加工制作、调试检验，直到推入市场，进入用户生活空间，乃至废品的降解和回收的整个过程中，都要介入并进行统筹。而工程设计师完成的是阶段性设计，他们负责从确定产品特性、原理、性能、结构和选择合理的材料和技术经济指标到下一步的技术准备和设计运算以及产品的技术图纸设计完成的一系列工作。

4. 工业设计是以科学技术为基础的一门新型的综合学科

工业设计是一个将科学技术和文化艺术相结合的边缘学科。它吸收了历史的和不同时代的科学成果、文化艺术成果、经济成果以及社会成果。工业设计与人机工程学、材料学、心理学、市场学、环境学等现代科学有机结合，逐步形成以新科学为基础的独立学科。它不仅包括技术知识，还重视消费者心理学、工程学、生态学、技术美学、文化艺术等有关内容，还重视市场学，将科学与美学、技术和需求等综合起来，是一门新型的综合学科。具体表现为知识结构的融合与统一，逻辑思维与形象思维的融合与统一、科学与人文的融合与统一以及设计能力与消费需求的融合与统一。

5. 工业设计有鲜明的时代特征

工业设计有鲜明的时代特征，它反映出不同时代的物质生产水平、人们的意识形态和生产方式,工业设计时代性表现在工业设计的发展要不断采用新时代的新技术、新材料、新工艺的技术条件。科学技术的进步带来的这些人类发展必不可少的技术条件,极大地促进了社会的发展。而工业设计必须适应时代的前进,采用最新的技术,使设计具备强烈的时代感,才能符合人类的需求,进一步激励社会的进步。

工业设计必须要满足人们随时代发展而不断变化的精神需求,这是工业设计时代性的另一表现。人们处在不同的时代,有着不同的精神向往,当工业产品的造型形象具有时代精神意义,符合时代特征,这些具有特殊感染力的"形""色""质"就会表现出产品体现时代科学水平与当代审美观念的时代特征,这就是产品的时代性。

20世纪40年代的流线型造型,50年代的平复和舒展的线条,60—70年代,出现了方直、倾斜线条都活跃了时代的视觉艺术气氛。80年代后的产品造型反映了人们对高科技的追求,造型选用几何体造型,使布局和构成更加简洁明快、理智抽象、充满几何美和数理美意味的多样化表现。产品的色彩应用也有明显的时代性。从50年代的深暗沉静的蓝、绿色冷调子到60—70年代后色调由暗而明、由冷而暖,变单调为多彩。近年来随着航天事业的发展,人们追求和热爱含有金属光泽意味的铁灰、银灰、银黑等"宇宙色"。

6. 工业设计具有市场经济性

工业设计是市场经济的产物,其标准受经济法则的制约。设计的结果要接受市场中的消费群体的检验,只有少数人欣赏的设计自然没有竞争力,也不能成为市场经济的推动力,也不会促进市场的繁荣。工业设计要推动市场经济的发展,成为市场繁荣的促进力,就要依据市场的变化和消费者的需求,将生产和技术转化为适应使用者目的和个性的对路商品,才能刺激消费、增强市场竞争力。

工业设计是企业赢得全球市场的一个策略、商业行为和必要方式。因此,工业设计必然要以它能产生的市场经济效益为出发点,以提高生产力为它的根本目标。

第二节　工业产品设计的发展概况

设计是人类为了实现某种特定的目的而进行的一项创造性活动,是人类得以生存和发展的最基本的活动,它包含于一切人造物品的形成过程之中。随着历史的发展,人类的活动领域逐渐扩大,一些最基本的需求得到满足,更高的需求就会不断表现出来,人们发现自己是有感情的,他们的需求需要有一种感情上的内涵,这就促进了手工艺设计的发展。手工艺设计源远流长,在整个人类设计史上具有重要地位。整体看来,工业设计可大致划分为三个发展时期。

一、工业设计的酝酿和探索阶段

这一时期是自18世纪下半叶至20世纪初期。在19世纪中叶,西方完成了产业革命,随着工业化生产的发展,建立在手工业生产方式上的产品设计,已不能适应时代发展的需要。在手工艺设计阶段,手工艺者用高超的技艺创造了众多精美绝伦的作品,使人们总是带着一种怀旧的情绪去看待过去的时代及其作品。工业革命后,商业化的生产借鉴并改造了过去的形式和价值观,以适应市场的需求。但由于设计、制造工艺以及材料等诸多原因,致使这些批量生产的制品的质量难以与手工制品相媲美,特别是那些机器仿制的手工艺品更是无法与原作匹敌。手工生产与机器生产的对比,一方面为一些人抨击机制产品提供了口实,另一方面又成了工业发展的障碍,使制造商感受到了一种对于机制产品的挑战。

（一）水晶宫博览会

1851年英国在伦敦海德公园举行了世界上第一次国际工业博览会，即"水晶宫"国际工业博览会。这次博览会在工业设计史中有重要意义，它不但较全面地展示了欧洲和美国工业发展的成就，而且也暴露了工业设计中存在的各种问题，从反面激发了设计的改革。其结果就是在致力于设计改革的人士中兴起了分析新的美学原则的活动。

博览会的展品表现出两种截然不同的状态，大多数机器制造的产品粗劣而缺乏美感，而其他产品则反映出一种为装饰而装饰的热情。在这次展览中也有一些设计简朴的产品，如美国送展的农机和军械等，真实地反映了机器生产的特点和既定的功能。但从总体上来说，这次展览在美学上是失败的。

（二）工艺美术运动

对于"水晶宫"国际工业博览会最有深远影响的批评来自拉斯金及其追随者。他们对中世纪的社会和艺术非常崇拜，对于博览会中毫无节制的过度设计甚为反感。但是，他们却将粗制滥造的原因归咎于机械化批量生产，因而竭力指责工业及其产品。拉斯金本人是一位作家和批评家，从未实际从事过建筑和产品设计工作，主要通过他那极富雄辩和影响力的说教来宣传其思想。拉斯金为建筑和产品设计提出了若干准则，这成了后来工艺美术运动的重要理论基础。这些准则主要是：师承自然，从大自然中汲取营养，而不是盲目地抄袭旧有的样式；使用传统的自然材料，反对使用钢铁、玻璃等工业材料；忠实于材料本身的特点，反映材料的真实质感。

莫里斯师承了拉斯金的思想，身体力行地用自己的作品来宣传设计改革，并同几位志同道合的朋友合作，在伦敦开设了一家商行，按自己的标准设计制作家庭用品。他们创作的家具、墙纸、染织品、瓷砖、地毯、彩色镶嵌玻璃等,颇有自然气息(图1-4)。莫里斯的理论与实践在英国产生很大影响,一些年轻的艺术家和建筑师纷纷效仿,进行设计的革新,从而在1880—1910年间形成了一个设计革命的高潮,这就是"工艺美术运动"。这个运动以英国为中心,波及不少欧美国家,并对后世的现代设计运动产生了深远影响。

图1-4　莫里斯商行的家具

工艺美术运动不是一种特定的风格,而是多种风格并存,从本质上来说,它是通过艺术和设计来改造社会,并建立起以手工艺为主导的生产模式的试验。它提出了"美与技术结合"的原则,主张美术家从事设计,反对"纯艺术";强调"师承自然"、忠实于材料和适应使用目的。但工艺美术运动对于机器的态度十分暧昧,产品设计要反映出手工艺的特点,而不论产品本身是否真正是手工制作的。如此一来,它将手工艺推向了工业化的对立面,无疑违背了历史发展潮流,使最早出现设计运动的英国走了弯路,未能最早完成工业设计革命。

(三)新艺术运动

由于工艺美术运动的影响,1900年左右欧洲大陆掀起了另一种建筑、美术及实用艺术的流行风格,名为"新艺术运动",其发展是以比利时、法国为中心。新艺术风格的变化也很广泛,且在不同国家、不同学派具有不同的特点。其鲜明的特点是弯曲、自然主义的风格,运用了植物、昆虫、女人体和象征主义,本质上是一场装饰运动。其宗旨是"艺术与技术"结合,反对"纯艺术"。代表人物是比利时的霍尔塔和威尔德,法国的宾和吉马德,西班牙的戈地,德国的雷迈斯克米德和贝伦斯,美国的泰凡尼。新艺术设计的目的和理想中缺乏社会因素,设计者不可能抛弃原有的结构原则,而流于肤浅的"为艺术而艺术",他们用抽象的自然花纹与曲线,脱掉了守旧、折中的外衣,是现代设计简化和净化过程中的重要步骤之一。

　　1907 年成立的德意志制造联盟,使工业设计真正在理论和实践上产生突破。这是一个积极推进工业设计的舆论集团,由一群热心设计教育与宣传的艺术家、建筑师、设计师、企业家和政治家组成,组织者为德国建筑师穆特休斯。制造联盟的成立宣言表明了这个组织的目标:"通过艺术、工业与手工艺的合作,用教育、宣传以及对有关问题采取联合行动的方式来提高工业劳动的地位。"表明了对手工业的肯定和支持的态度。制造联盟的设计师为工业进行了广泛的设计,这样作品能适合机械化批量生产的需要,同时又体现了一种新的美学。此外,联盟十分注重宣传工作,常举办各种展览,并用实物来传播自己的主张,还出版了各种刊物和印刷品。这些宣传工作不但在德国产生很大影响,促进了工业设计的发展,而且对欧洲其他国家也有积极影响,一些国家如丹麦、英国、瑞典先后成立了类似制造联盟的组织,对欧洲工业设计发展起了很重要的作用。

二、现代工业设计的形成与发展

(一)德意志制造联盟

德国制造同盟首创了工业设计的活动局面,确立了工业设计的基本理论,第一次世界大战的爆发暂时阻止了这一切的发展。第一次世界大战之后,工业和科学技术已发展到了一定水平,大众市场已发育健全,艺术上的变革改变了人们的审美趣味,先前分散的各种设计改革思潮终于融汇到一起,形成了意义深远的现代主义并标志着现代工业设计的开始。现代主义主张创造新的形式,认为机器应该用自己的语言来自我表达,即所谓"机器美学"。它由于过分强调简洁与标准化,强调对于几何形态的追求,强调批量生产,故使消费者多样性选择的权利被剥夺,这也妨碍了现代主义在实践中的发展。

(二)包豪斯

在现代主义的影响下,工业设计运动逐渐衍变成以教育为中心的活动。1919年4月1日,"国立包豪斯"在德国魏玛宣告成立,它是一所设计学校,首任校长为德国建筑大师格罗佩斯。包豪斯一词由德语的"建造"和"房屋"两个词的词根构成,目的是培养新型设计人才。

包豪斯的重要影响之一就是在教育领域,应该说是包豪斯奠定了现代设计教育的根本。包豪斯奠定了设计教育中平面构成、立体构成与色彩构成的基础教育体系,并以科学、严谨的理论为依据,到今天还被广泛采用。包豪斯开设作坊式教育,主张在实践中教学,打破了将纯艺术与实用艺术截然分割的陈腐教育观念,架设了"艺术"与"工业"之间的桥梁。格罗皮乌斯设计的包豪斯校舍在建筑史上就有重要的地位(图1-5)。包豪斯接受了机械作为艺术家的创造工具,提倡在掌握手工艺的同时,了解现代工业的特点,用手工艺的技巧创作高质量的产品,并能供给工厂大批量生产;在设计中提倡自由创造,反对模仿因袭、墨守成规。

图 1-5　包豪斯校舍

　　包豪斯发展了现代设计方法,奠定了现代工业产品设计风格的基本面貌,建立了比较完整的现代主义设计体系,使现代设计逐步由理想主义走向现实主义,即用理性的、科学的思想来代替艺术上的自我表现和浪漫主义。

　　(三)现代主义运动

　　包豪斯的思想在一段时间内被奉为现代主义的经典,但包豪斯的局限也逐渐为人们所认识到。包豪斯解散后,一大批包豪斯的成员先后来到美国,实际上包豪斯的思想在美国才得以完全实现。

　　自此源于欧洲大陆的现代主义运动的中心移到了美国,并且与美国工业设计界注重为企业服务、注重经济效益、注重市场竞争的实用观念相结合,逐渐发展成为战后轰轰烈烈的国际现代主义运动。

　　现代设计理论在 20 世纪 30 年代以"国际式"风格流行一时,但就两次大战之间所生产的实际产品而言,现代设计理论并没有多大影响,钢管椅之类典型的现代设计只是被用做正规公共场合的标准用品,并没有受到寻常百姓的普遍欢迎。

　　在欧洲和美国最早产生重要影响的现代风格是源于 20 世纪 20 年代法国装饰艺术运动的"艺术装饰"风格,这是 20 世纪20—30 年代主要的流行风格,以富丽和新奇的现代感著称,包括了装饰艺术的各个领域。

三、多元化格局的形成

（一）第二次世界大战后的工业设计

第二次世界大战之后，西方各国意识到必须大力发展工业，迅速从战争的创伤中恢复过来，纷纷致力于提高自己国家的工业化水平，从而带动了工业设计的发展。战前美国工业成功利用设计的经验，为许多国家广泛吸收，使设计成了赢得竞争的重要手段。

战后工业设计发展的格局也发生了根本变化。德国和法国在战争中大伤元气，在设计发展中已不再占据主导地位，取而代之的是战后初期每个国家都形成了自己的设计理论和形式语言，以向世人展示自己的新面貌。至 20 世纪 50 年代，垄断的跨国公司出现，国际交往日见频繁，市场的国界已消失，逐渐产生了一种国际化的发展趋势，形成了国际化现代风格。20 世纪 60 年代后期，欧洲现代设计在此基础上深化发展，在西方各国家形成了各具特色的设计理论和形式语言，呈现出设计上的多元化格局。

二战后积极推进工业设计发展的国际组织是受联合国教科文组织支持的"国际工业设计协会联合会"。它 1957 年成立于伦敦，成员为各国的工业设计师协会或受政府资助的工业设计机构，主要活动有举办两年一度的年会、出版设计刊物、举办设计竞赛与设计展览等，通过这些活动推广工业设计和设计教育。

（二）后现代主义

后现代时期的设计体现出了一种多元化的格局，形形色色的设计风格和流派此起彼伏，令人目不暇接，但大体可以分为两个主要的发展脉络：一种是以"后现代主义"为代表的、从形式上对抗现代主义的设计，如波普运动、反主流设计等；另一种则是从现代主义设计演变而来的,是对现代主义的补充与丰富,如新理性主义、高技术风格和解构主义。

(三)未来的工业设计

20 世纪 80 年代起,随着计算机技术的迅速发展,人类开始进入信息社会,国际互联网的兴起标志着网络时代的到来。另外,由于人们的环境保护意识日益增强,"绿色设计"正在成为工业设计发展的一个重要主题,这些都对工业设计的发展产生了巨大冲击,无论是设计的对象还是设计的程序与方法,都发生了很大变化。在新旧世纪交替之际,工业设计又翻开了崭新的一页。

随着科学技术的进步,工业设计的内容与方式、设计的观念都在不断地变革。制造方式的柔性化使得小批量生产成为可能,设计向着个性化、多元化、小批量的方向发展。社会的进步和人们生活水平的提高,使人们对一个产品的要求不仅仅满足于其使用价值。设计满足人的生理、心理需求被提高到新的层次,"人性化"设计得到广泛的倡导;计算机及其网络技术的普及使得产品显示出更多的数字特征,产品智能化的程度越来越高,智能性设计成为一种趋势;信息化也扩大了设计的领域,出现了网络设计、界面设计、虚拟现实设计、数字媒体设计、数字娱乐设计、三维数字动画设计等新的设计领域;以信息设计为主的设计,是基于服务的设计,并非基于物质的设计,出现了"非物质设计"的概念。

工业设计的发展历史形象地反映了人类文明的演进。工业设计的未来发展趋势也必定不会脱离社会、经济、文化及科学技术的发展。

设计创造市场,是我们飞速发展时代的必然,是经济发展的大趋势。不论是一个企业,还是一个国家,忽视设计,必然失去市场。

四、中国工业设计的发展

中国是一个有着悠久历史的文明古国,在艺术领域有着极其丰富、绚丽多彩的辉煌成就,对人类文明发展做出过卓著的贡献。但其在产品造型设计方面起步较晚,同发达国家相比还有较大差距。有些工业产品几年,甚至几十年一贯制,缺乏时代感和合理性,不仅影响人们的物质和精神生活,而且严重削弱了产品在国际市场上的竞争能力。

1978 年,工业设计引入我国。20 世纪 80 年代,有十几所高等院校开设了工业造型设计专业,几十所院校开设了工业造型设计课程。1985 年,先后成立了中国机械工程学会、工业造型设计学会和中国工业设计协会。

在整个 80 年代,工业设计总体上无法从实践上取得突破。客观原因是企业和社会还没有切身体会到真正的市场竞争与完善的法制社会规范下,现代企业在技术创新与产品开发问题上必须采取的战略的重要性,更不可能像发达国家那样,把工业设计视作企业长期发展的生命线。

在整个 80 年代,中国市场尚未出现"供大于求"的局面。制造业缺乏高度竞争的生存压力,政府忙于铺垫规模化经济格局,这种形势下对工业设计的倡导更多地带有"超现实"的色彩。数十年经济发展的滞后造成中国制造业重新起飞时的低起点,注定了中国企业在产品开发上无法绕过对西方产品"模仿"的过程。我们常常婉转地将这种过程表述为"消化、吸收",但本质上它必然表现为漠视并排斥自身设计力量的成长。

在理论导向上,设计理论家对中国社会结构、大众价值理念、企业架构知之甚少,使工业设计思想在中国的导入肤浅,大都是纯粹的理论说教,弱化了其解决现实问题的价值,夸大了其塑造未来的幻想作用,赋予了太多的理想色彩,在客观上也延误了企业对工业设计经济价值的尽早认知。

周而复始地清谈必然日益乏味,连设计界本身也逐渐失去了兴趣。到90年代初,80年代中后期那种繁荣的空洞理论研讨景象就逐渐式微了。

80年代的模仿虽然在启动制造业运转的初期阶段产生过积极作用,但随着时间的推移和中国市场格局的变化,其巨大的负面作用到了90年代也就日益显露出来。多年的模仿不仅阻滞了国内企业自身开发能力的提高和设计队伍的建设,而且表现出一种危险的趋势,不少企业已经有规模了还在模仿。

80年代末,珠三角洲地区的部分企业家最先感悟"设计"的价值,尝试将其作为竞争手段引入自己的企业,拉开了国内工业设计发展由理论融入实践的序幕。以广州为核心的珠江三角洲地区成了工业设计师最早的实验场。迄今为止,这里仍旧是国内聚集工业设计机构最多、职业设计师最多和实践机会最多的地区。

虽然最初的实体创建是由高校与企业合作开始的,但是在之后近十年的进程中,完全由职业设计师创办和组成的合作经营、私营体制的设计公司则逐渐成为主角。尤其是1992年以后,经历过一段低潮后的珠三角地区制造业获得新的生机。竞争的市场态势日趋明显,少数企业在危机面前开始认知工业设计的价值,表现出对创新的需求。同时,政府对私营及各种形式的经济实体政策的日益宽松,客观上也为职业设计师走上实践舞台提供了基本社会条件。

20世纪90年代,国家大力发展工业设计专业教育,这一时期我国经济呈现快速发展,国际贸易地位迅速提高。到2000年,已有400多所院校开办了工业设计专业,同时,国内举办了各种主题的工业设计研讨会、博览会等,进一步推进了工业设计与我国产业发展相结合。一些大型企业开始利用工业设计为本企业产品进行研发、生产服务,如1996年联想在产品开发中率先引入工业设计。一些实力雄厚的企业也开始参加国际上各类著名的工业设计展览会,学习与借鉴国际先进理念。

随着我国经济与国际经济的进一步接轨和融合，特别是在加入 WTO 之后，我国企业认识到工业设计的真正含义，理解了工业设计也是一种核心竞争力，同时，以往的模仿面临诸多国际知识产权法律的制约，企业开始注重设计具有自身特色的产品。因此，工业设计成为我国企业、产业发展中日益受到重视的领域，我国工业设计产业有了很大发展。如大专院校设计类学科增加了 10 多倍，涌现了海尔、联想、华为等一批重视工业设计并取得卓越成效的企业，显示出工业设计在我国蓬勃发展的现状。

我国工业设计快速发展也吸引了国际设计机构的注意，国际合作与交流频率也增加了。如 2009 年，美国工业设计师协会（IDSA）被批准成立中国分会，旨在推动中国的设计实践，进而创造社会价值及商业价值；无锡已成功举办了九届"中国无锡国际工业设计博览会"，吸引了大量国际客商。尤其值得一提的是，2012 年工信部设立、评选了我国工业设计领域首个国家政府奖项——"2012 年中国优秀工业设计奖"。该奖项由评奖工作委员会组织专家经过初评、终评环节评出 10 个金奖，旨在激励和推动我国工业设计创新，提高我国工业设计创新水平，进而推进工业转型升级，实现"中国制造"向"中国创造"发展。

第三节 工业产品的研究及应用现状

一、国内外工业设计的研究

（一）简述工业设计的研究

工业设计作为研究"创造人工物"的一门学科，是工业化大生产以后的产物。它历经百余年的孕育与发展，如今已经成为现代工业生产不可或缺的重要部分。设计作为一种目标导向的问题解决活动，"不只是风格或精明的概念想法，也不是一项孤立的活动,而是一种程序。设计将企业的潜能与消费者需求连接起来,成为位于创新的核心(即位于企业的核心)的过程"。

两百多年前,源起于英国的工业革命以惊人的速度席卷全球,蒸汽机的发明在印证人类智慧的同时,也宣告着人类由自给自足的农业时代跨入了以机械化大生产为特征的工业时代。两百年后的今天,"第三次浪潮"横扫世界,以微电子、计算机、通信三大技术为核心的信息技术迅猛发展,极大地推动了互联网经济"爆炸式"的发展,同时宣告着信息时代的到来,设计正发生着前所未有的深刻"质"变。随着经济一体化进程的加速,国际产品制造市场竞争的核心,已转为以科学技术发展为基础的设计竞争。工业设计自水晶宫博览会开始,已在西方经历了150多年的发展。伴随着西方社会工业化和商品经济的发展完善,工业设计在西方国家不断走向成熟和普及。当今社会,随着科学技术的飞速发展,各国、各企业所应用的技术已趋于相同,市场竞争的重心,已由单一的技术竞争转为消费品附加值的竞争,设计创新成为增加产品附加值的一种重要手段,是经济可持续发展的动力,更是工业设计的核心和源泉。

当前,工业设计现代化的变革和发展得以不断深化,主要表现在以下几个方面:

(1)现代工业设计已经突破了工业的第二产业范围,既涉及第一、第三产业,又涉及或深入公共文化事业、环境保护事业等社会生活的各个领域。

(2)把产品、环境、流程三大设计既相互区别又相互联系地有机组合起来。

(3)全面地更新了产品设计的观念、思路、方式、方法及手段,以性能和使用的设计、更新和开发,带动材料和技术的设计、更新和开发;以使用方式的设计、更新和开发,带动实用功能的设计、更新和开发。不仅注重产品性质和功能的系列化,而且更注重产品使用方式的简便和舒适;不仅注重产品整体形式的美化,而且更注重产品整体组合适应人的生理—心理—审美结构,满足人的生理—心理—审美的需要。

（4）借助微电子技术系统和人工智能系统，现代工业设计致力于精心设计和生产既批量化又个性化的创新产品，把产品技术形态的标准化和规范化与审美形态的独特化和多样化有机地结合起来，从根本上克服了手工业小生产的高耗、低产与大工业化大生产统一、单调的传统局限性。

在我国，工业设计作为一门新兴的学科，起步较晚，但却发展迅猛。中国作为世界工厂的地位已逐渐被人们所接受，但对世界经济的贡献还只是体现在附属加工方面，大部分企业为了减少设计成本仍处于模仿设计的阶段，中国自主创新的设计产业尚处于低端的、不发达状态的起步阶段。由于全球经济一体化的冲击，国内企业开始重新审视创新设计在提高市场竞争力中的作用，并予以重视。但是，由于我国还没有形成良好的氛围和设计思想，工业设计的规模依然相对薄弱。由于设计理念推广得不够深入，许多中小企业盲目追求产品的数量与产值，这样的现状事实上已经阻碍了中国产品走向世界的步伐。如果企业只是一味地重视加工技术，放弃产品的创新设计，最终将会丧失自己的市场和机会。有统计数据表明，因为工业设计和工艺包装上的落后，中国产品在价格上每年损失超过 200 亿美元，中国工业设计的发展与国际上还有一定的差距。

（二）设计的本质和外延研究

纵观国内外工业设计的研究现状，现代工业设计理论的研究主要集中在两大主题，即设计的本质研究、设计的外延研究。

1. 设计的本质研究

所谓设计，即把人们的思想转化成物质的东西和确切的实体，这个过程能够把无形的欲望转化为有形的、实在的物质。2006 年国际工业设计协会理事会对工业设计专业做了如下定义："设计是一种创造性活动，其目的是为物品、过程、服务以及它们在整个生命周期中构成的系统建立多方面的品质。因此,设计既是创造技术人性化的重要因素,也是经济文化交流的关键因素。"几乎所有的人与企业都在以某种形式进行着创造活动,所有的创造行为都构成并支撑着工业文明的发展。工业设计从经济、技术、艺术等多角度,对工业产品进行综合性的设计,创造出满足消费者需求的新产品。工业设计的本质研究就是要深入探讨设计的思想基础,以寻求更高境界的设计理念;探讨基于设计符号的表达要素,以寻求更优化的设计方法。

（1）基于设计本源的设计理论研究

李乐山教授在《工业设计思想基础》一书中指出:设计的本源是文艺复兴以来各种艺术流派、科学理性传统、经济富裕思想、人道主义思想、社会主义思想,以及中国传统的哲学思想,它所继承和发展的设计思想已经成为现代工业设计理论的核心。当前,工业设计理论的研究主要包括:产品设计战略、设计艺术史论、设计管理学、设计方法学、设计心理学、设计伦理学和设计市场学等,正形成彼此联系的设计理论研究链。例如:[英]彼得·多默著,梁梅译的《1945年以来的设计》,何人可编著的《工业设计史》,王受之编著的《世界工业设计史略》和《世界现代设计史》,张夫也著的《外国工艺美术史》及主编的《现代设计之窗》,李亦文编著的《产品设计原理》,尹定邦著的《设计学概论》,李彬彬编著的《设计心理学》,潘公凯、卢辅圣主编的现代设计大系之《工艺与工业设计》等书这些研究从当今设计的历史、沿革、发展的角度,从设计方法与程序、设计管理、设计的风格流派研究,从设计的分类等方面进行较为深入的研究,反映出了国内外工业设计理论研究的最新成果,为现代工业设计的创新提供了深厚的理论基础。

（2）基于设计符号的分析方法论研究

现代工业设计把符号学应用到产品设计之中,其价值就是合理平衡了人文理性与功能理性。它在强调机能属性的前提下,重视了主体精神及文化脉络,预示着设计将迫使人们从物的价值向脱离物的价值转换,实现人与物的统一,人与自然的和谐。从设计方式看,其价值在于可以扩展产品造型语言,通过形态、色彩、材质等要素使产品更富意味及生动性,打破了产品外形单一刻板、功能指示不明晰、文化内涵消减的局面。这一理论依据理性思维方式,合理赋予形态象征意义,打破了现代主义僵化、单一的设计方式,追求明晰、确定的语意表达,以实现人与物之间的愉快交流。基于设计符号学,设计师可以全面把握消费者的感性需求、现代工业设计的应用和新产品发展的方向,进行更为理性的人机工程学、产品的形式美法则、产品形象的视觉设计、设计表现(手绘效果图、计算机辅助工业设计、模型制作)、设计管理等产品造型设计方法的分析与研究。

2. 设计的外延研究

设计是综合信息、创造信息的活动,产品就是信息的载体。产品往往蕴涵着一定的时代、地域、民族、社会生产力与经济文化的综合信息。工业产品设计就是对工业产品的功能、材料、构造、工艺、形态、色彩、表面处理、装饰等诸因素从社会、经济、技术等方面进行综合处理,既要符合人们对产品物质功能的要求,又要满足人们审美情趣的需求。长期以来,工业设计学术界从设计与文化、设计与传承、设计与制造等多个角度对设计的外延展开研究,使设计领域从观念、内容、方法、技术、组织等方面发生了许多根本性的变化。

(1)设计与文化的关系研究

人类利用自己的大脑与双手所创造的一切财富,都可以统称为文化。人类所创造的财富既有物质财富,又有精神财富,所以文化也分为精神性文化和物质性文化两个重要领域。

设计是造物活动,是人类物质文化的创造,而创造物的功能和形式所产生的主观感受,则极大地丰富了精神文化。随着设计语义学、文化学、社会学、生态学、伦理学、管理学、自然科学等多门科学技术的整合介入,改变了设计的思维方式,提供了先进的手段,更增强了设计的合理性和科学性。我国的知名学者张道一、俄罗斯的普列汉诺夫、日本的大智浩和佐口七郎等都对设计与文化的关系进行了深入的研究,认为设计从属于文化,是由各种产品创造出来的"第二文化",它反映了由社会经济体系、意识观念的差异和物质与精神之间的矛盾所产生的全部结果的复杂性以及冲突。一方面,工业产品设计必须依赖具体的文化环境,另一方面,工业产品设计本身也创造了文化。工业产品设计的本质,也就是用艺术的造型语言体现造物文化,是艺术本质的造物文化活动。

（2）设计与传承的关系研究

为了稳定地占领市场和赢得稳定的效益,产品的品牌形象必须有一定的传承性。产品形态是品牌形象最直接的表现,产品形态必须具有一定的继承性。在产品的创新设计中,一个重要的传承手段就是采用面向产品族的设计方法,实现品牌产品形态风格的传承与发展,实现面向不同需求的系列化或者具有更大变形能力的产品。在学术研究方面,Karjalainen以沃尔沃、诺基亚的产品造型设计为例,对从品牌认知到产品造型的传承进行了研究。赵江洪、张文泉等引入了汽车造型中的"品牌造型基因"概念,通过提取奥迪A6汽车的造型基因遗传图,提出了保持品牌造型基因生命力的汽车品牌造型基因的遗传和进化机制,初步提出了基于造型基因的汽车品牌造型设计理论框架。张凌浩以生物科学中的现代遗传与变异理论为方法论,分析其与产品形象的延续与更新之间的关联,为产品形象创新与品牌提升的设计过程提供了一种新的参考方法。然而,这些研究还缺乏对产品造型风格与人们认知意象之间关系的理性分析,对表达产品设计元素与人们情感、审美之间的关系研究尚不够充分。

（3）设计与制造的关系研究

工业设计是时代的产物,同时也是制造技术发展的产物,其造型的技术必然反映出其所处时代的制造技术。制造技术沿着生产的合理性方向发展,造型技术根据形态的要求而变化。工业产品造型风格的形成有诸多因素,它既与材料、结构有关,又与加工工艺密切相关的美观的造型设计,必须通过各种工艺手段将其制作成为物质产品。

现代制造业的竞争就是设计的竞争。任何企业要想获得自身的生存和发展,取得竞争优势,就必须不断寻求新的技术和手段,提高产品的市场竞争力。市场竞争的生命力在于产品的设计创新,设计是产品生产技术的第二道工序,是制造的灵魂,也是产品开发最重要的环节之一。产品的功能、结构、造型、质量、成本,以及可制造性、可维修性、报废后的处理等,主要都取决于产品设计阶段。据统计,产品生命周期成本的70%—80%是由只占总成本10%—20%的设计阶段所决定的。因此,设计与制造之间关系的研究已经成为学术界的研究热点。

二、产品形态创新设计的研究与应用现状

形态设计是工业设计的基础,是按照一定要求对产品基本形态要素进行组织的行为。产品形态作为产品功能的载体,是传递产品信息的第一要素。创新的产品形态已成为吸引消费者的关键因素,更是提升企业竞争力的重要砝码。传统的产品形态设计主要依赖于设计师的经验、知识、灵感、直觉,其思维过程是一个不可知的黑箱系统,缺乏系统性和通用性。探索具有可操作性和可视化的产品形态创新设计方法已成为产品设计研究领域的热点和前沿,其主要研究方向为:形态创新设计理论和方法、形态创新设计技术、形态创新设计对象的表达等。

(一)形态创新设计理论和方法

近年来,国内外学者在形态创新设计理论研究方面已开展了一些探索性研究,并取得了一些创造性的研究成果。苏建宁、孙菁等将感性意象应用于形态设计,有利于满足用户的情感需求,但在解决用户感性差异性方面尚需探讨。Hsiao、Hung-Cheng

Tsai、孙守迁、刘弘等应用模糊神经网络和遗传算法,在如何快速高效获得新的产品形态上进行了有意义的探索;谭浩等从认知心理学出发,建立了基于案例的工业设计情境模型。当前,创新设计方法的研究已从头脑风暴法、联想法等基于认知的方法转向基于系统的方法,如发明问题解决理论 TRIZ（theory of inventive problem solving）、创造模板 CT（creative templates）、质量功能配置 QFD（quality function deplpyment）、公理化设计理论 AD（axiomatic design）等方向发展,在产品功能创新、原理创新的理论研究上有了极大的提高。结合计算机技术,一些较成熟的计算机辅助创新软件如 Pro/Innovator 已推向市场。将技术创新理论与产品形态设计相结合,研究基于技术创新理论的产品形态设计方法,提出基于质量功能配置 QFD 和发明问题解决理论 TRIZ 的产品形态创新方法,通过可视化的创新原理资料库,结合设计技法上的变化,工业设计师可在进行产品形态创新设计时更快捷准确地找到创新点及相应的形态方案,同时实现设计技法上的突破。

产品形态创新设计方法的研究主要包括基于心理学的创造性思维方法和以工程技术发展规律为对象的发明问题解决理论。对于形态创新设计而言,包括发散形象的创新思考和对形态要素系统逻辑的整合两方面的创新内容。因此,形态创新设计方法由基于认知心理学的创新思维方法以及系统化的创新理论两部分构成。基于形态语义学的创新设计方法是一种用户导向型设计,产品语义设计最著名的口号是"使机器容易懂",其目的是使产品更加适应人的理解和使用过程。形态的语义表达帮助设计师分析、评价、整合新产品形态中的非参数化信息,建立"以人为本"的设计理念,在产品操作或使用界面上创造更符合人的生理和心理的形态特征。产品语义学在形态创新设计方法上的应用主要体现在以感性评价为先导,通过形态语义表达使产品更适用、更易用,以及透过产品语义学传达产品精神层面的内涵。

三维形状混合技术、草图设计技术的快速发展,使形态创新设计可以由计算机自动生成大量不同于现有产品的新形态,改善了现有 CAD 软件缺乏用以激发设计师设计灵感来提高设计师造型创新能力的功能模块的不足。该技术将三维空间中一个初始形态、光滑连续地变换到另一个目标形态,对激发设计师的设计灵感具有积极意义,成为提高设计师创新能力的重要辅助工具,已广泛应用于 CAD、计算机动画系统、影视娱乐以及医疗行业。特别是在影视特技、动画人物创建、动画中关键帧的自动生成等方面已经十分成熟。虽然该技术在产品形态创新设计中的应用还十分有限,但为产品形态设计提供了新的创新手段,在仿生设计、系列化设计中能起到独特的作用。

（二）形态创新设计技术

在当今信息化的时代,产品的形态创新设计已经成为计算机辅助工业设计（computer aided industry design, CAID）技术的重要内容。基于 CAID 技术的工业产品形态设计主要需解决两方面问题:一是建立数字化的形态模型,二是通过形态模型赋予产品特定的功能和意义。在国外,特别是以美、英、日等为代表的国家,其工业设计发展比较早,对产品设计理论的研究也比较深入,CAID 技术的研究成果已经被广泛应用。较早提出 CAID 概念的是美国的 David E.Weiberg,1995 年他在美国的《计算机图形世界》（Cornputer Graphics World）上发表了有关 CAID 的论述。同时,美国福特等大公司都在汽车造型设计中采用了以 CAID 牵头的 CAID/CAD/CAE/PDM/CAM 大型集成系统,国际上新开发的 CAD 软件也纷纷加入了 CAID 的内容,如 PDC 公司就将其标明是工业设计（industrial design, ID）系统。国内西北工业大学陆长德教授等 1995 年就在《制造技术与机床》杂志上发表了专章《计算机辅助工业设计》,并在 CAID 系统开发方面承担了国家科技攻关项目。浙江大学的潘云鹤院士对 CAID 技术的概念和发展趋势也做了比较完整的论述。

　　CAID 技术不仅可以构建出创新的产品形态,还可以利用先进的渲染技术进行形态的真实感表达,生成二维效果图或三维动画来展示形态各部分的细节。基于特征的参数化,三维建模技术通过形态基本尺寸参数及其与实体之间的约束关系来创建或调整形态,辅助设计师对产品造型进行精确修改和完善,并能够在最终产品上保留形态的原始定义和拓扑关系,用统一的新产品模型代替了传统设计中成套的图纸和技术文档,实现设计与制造的一体化。虚拟现实建模技术支持用户在虚拟环境下对新产品形态、功能进行全方位评价,将产品开发全过程数字化,通过虚拟的产品数字化模型和测试环境,对产品模型进行分析、测试,更真实地感受产品的功能、形态、空间、色彩、人机关系乃至氛围效果,实现了产品设计过程的动态交互和智能感知。

　　(三)形态创新设计对象的表达

　　目前,设计界的学者倾向于从设计语义学、符号学的角度来分析形态创新设计对象,对形态所包含的信息媒介及其信息已进行了较为深入的分析。马克斯·本泽在《符号与设计—符号学美学》一书中对设计信息的范围进行了界定。他指出:"设计对象相对来说具有更大的环境相关性、适应性和依从性,因为不仅物质性要素,甚至连功能性要素都是它的造型和结构设计的符号储备。"因此,形态创新设计对象的研究主要是从产品设计符号的技术信息、语意信息和审美信息展开,研究集中在形态的分解与重组、变形与创意等方面。

　　形态的分解与重组是在产品总体结构和单元结构优化过程中的一种创新设计方法。分解的过程可按功能面进行,也可按集合形态进行。按功能面划分,可以将产品形态分解为各种不同的功能单元;按几何形态划分,可以将产品形态分解为各种不同的形态单元。重组的过程是一个综合多种设计因素而重新组织的过程。

产品形体／形态的表达在形体的搜索和相似性比较上有着较为广泛的应用。由于产品形态的复杂性,孙守迁教授以形状、色彩、材质等方面进行切割组合操作来建模,刘佳星、Shih-Wen Hsiao 等以形态的点、线、面几何元素的组合进行建模,许占民等则以一类产品实例形态特征作为产品的平面形态原型。国外学者的研究主要是抓住产品形体几何参数和拓扑关系来建立形体描述方法。从这些形体的表达来看,主要是基于形体的制造特征和图论等方法来进行形体描述的,还没有从产品整体的立体构成上反映出可实现变形的基型,形态模型的三维信息含量较少、数据表示方法不统一,对基于产品的立体构成来建立形态分体间的拓扑关系和体量关系,进而开发形态创新设计软件系统的支持性还不够。

三、产品形态设计评价的研究

产品形态设计评价的研究主要包括评价方法、评价指标体系、形态风格评价等方面的内容。

（一）评价方法

当前,产品形态评价采用的主要方法有感性工学法、层次分析法、模糊综合评价法等,尤以感性工学评价法使用最为广泛。感性工学（Kanseiengineering）理论为设计评价提供了切实可行的解决方法,它从认知心理学角度,把评价看作顾客偏好的模式识别。由于人类的感性情感难以观察和定量地分析,所以借助于一定的心理调查方法来进行。感性工学评价法包括语义差异法、口语分析法、因子分析法、聚类分析法、多维尺度分析法、类神经网络等。其中,产品语意差异法（semantic difference, SD）是最常用的一种方法,它通过二维图形来获取评价词语,通过实验的方法找出人的感性认识与对象的关系,并进行定量和定性的分析。这些评价方法有感性的认知评判,也有理性的数理统计,将理性的定量分析与感性的认知评判相结合,可以总结出产品形态的特征规律,但在方法的应用上还比较单一,没有建立起理性的语意分析模型来指导感性的产品形态设计实践。

（二）评价指标体系

设计评价指标体系的建立主要是从产品形态的功能与美学、市场与社会发展、科技与文化、品牌价值与传承、设计管理与法律、人机性与性价比、形态认知与审美等方面来考虑,体系内容包括:形态方案的技术先进性、视觉形象的一致性、人机原理的符合性、技术的可靠性、方案的性价比、方案的绿色性、语意的创意度等。

（三）形态风格评价

形态设计评价主要包括形态语意、形态美学、形态风格三个互为联系的方面。一直以来,许多学者致力于产品形态及其美学评价方面的研究,并取得了一定的成果。20 世纪 90 年代以来,大量文献从顾客选择产品的心理角度,对产品的评价及相关问题进行了研究。

产品形态风格的分析与评价是产品造型评价的重要内容之一,国内外工业设计界的专家学者对此做了大量的研究工作。我国浙江大学的孙守迁教授等在产品风格方面进行了系列研究,包括产品风格计算的研究进展、风格概念方案生成技术及基于特征匹配的产品风格认知方法等;美国 CMU 大学的 Jay 等详细调查了别克汽车前脸的造型风格,采用形状文法将别克品牌的关键元素编码成为一种可重用的语言,重新生成了与其品牌一致的汽车造型;中国的潘云鹤院士利用形状文法进行了图案设计和建筑风格的模拟;Nagamachi 以感性工学为核心,借助各种调查技术与分析方法获取了产品风格与造型要素之间的关系;美国爱荷华州立大学的 Chan 基于认知心理学的产品风格认知研究,认为风格可以被看作是拥有一些基本特征的实体,这些特征可被视为一种比例尺度,用于衡量产品风格的强度以及风格之间的相似度,他还给出了基于风格相似度模型的风格认知方法;中国台湾学者 Chen 等提出了复合式感性工学导向的产品开发设计模式与系统;中国台湾的谢政峰等以手机为例,探讨了人类对立体形状特征的心理认知过程,试图建立消费者与设计师对于产品造型特征与风格认知之间的关系;中国台湾的 Chien Cheng Chang 等以32种不同手机为样本,利用分组认知试验,总结出了影响手机外形相似性的两大主要因素:总体印象和局部特征,并分析了这两大因素对区分手机造型相似性的影响;Hung-Yuan Chen 等则提出了影响消费者对产品印象的关键形状特征的提取方法;邓建玮运用特征匹配理论,通过试验得出了轮廓形状是消费者进行风格认知最明显特征的结论;Hsiao 等研究的基于模式识别理论的产品风格计算模型,以形状与色彩作为认知与辨识的主要条件,采用 BP 神经网络、模糊集与语意差分相结合的方法进行色彩认知以及风格认知的研究;张华城等还采用了自组织映射网络,构造了一个模拟消费者对形状认知的模型。此外,在机械产品设计和加工领域,基于产品特征的形状混合技术、零件加工的成组技术中对产品的特征表达等,本书均介绍了与形状特征相关的评价研究工作。

在企业的产品造型设计实践方面,国外的企业十分重视品牌产品造型风格的一致性,以其独特而又有连续性、继承性的造型风格(当然还包括产品良好的性能和完善的服务)来塑造和保持企业的品牌形象,如德国的西门子、荷兰的飞利浦、韩国的三星、日本的松下、索尼等著名公司,都是典型代表。相比之下,中国的工业企业普遍对产品的外观造型重视不够,往往是考虑了造型的创造性设计而忽略了对造型风格继承性的考虑,造成顾此失彼,难以在国际市场上以独特的造型树立品牌形象,从而影响了产品在国际上的竞争力。

四、形态创新设计与评价软件开发的研究

近年来,在产品形态创新设计与评价软件开发方面,国内已取得了一定的成绩。例如,浙江大学开发了根据组合原理的概念创新设计系统 PCDSl,组件特征模型的产品布局设计系统 PLDl 和计算机支持的概念设计系统 CCDSl;西北工业大学工业设计研究所在产品风格分类、创新技法、应用模糊集合理论的美学评价技术、人机形态设计、产品族工业设计、定制设计中的工业设计理论与方法等方面已建立了一套产品设计的 CAID 理论方法体系,开发完成了 CAID 设计系统。纵观国内专家学者的研究成果,软件开发的研究主要集中在三个方面,即典型 CAD 软件系统的二次开发、CAID 软件原型系统的开发、软件的建模技术。

典型 CAD 软件系统的二次开发主要是在目前公认的 UG、Pro/E、CATIA、Alias、CAXA 软件中开发形态设计模块。例如:UG 中添加 UG Shape Studio;工业设计模块,专门针对工业设计师进行 Free Form Shape(自由曲面造型)、Analyze Shape(造型分析)和 Visualize Shape(造型可视化渲染)等形态创新设计;CATIA 中添加工业设计模块可实现直观的动态雕塑曲面、实时曲面诊断、逆向工程生成数字模型。

当前,按照工业设计师的设计思想和设计流程而开发的 CAID 系统的代表是美国 Alias 公司的 Alias Studio Tools,其中的 Alias Wave Front Studio 是一个能够提供各种不同设计工具的 CAID 软件,而 Studio Paint 3D 的重要功能是概念设计与草图绘画,可将产品设计师勾画的二维草图扫描到软件中,并以这些二维草图作基准,保留所有草绘的细节,只要追踪关键的点和线,就可以等效地在三维空间利用它们建立三维模型,再与 NURBS 的灵活造型工具和强大的布尔运算相结合,为设计师提供有效的造

型工具。

基于知识的形态创新平台主要有专家系统、CBA 系统、学习系统等，它以计算机为载体支持产品形态的创新设计过程，由计算机支持生成更多更具有独创性的创意方案。近年来，创新设计已经由传统的数据资料密集型转化为知识信息密集型，基于知识层次的创新设计可以借助已有的规范化范例，引导设计师捕捉更多设计意图，获得更多设计灵感。美国 IMC 公司开发了基于知识的创新工具 IMC/Techoptimizer，它以 TRIZ 理论为基础，结合现代设计方法学、OFD 和价值工程、计算机辅助技术、多学科领域知识，分析解决新产品开发过程中遇到的技术难题，为产品研发及形态创新提供实时的指导，以实现产品形态和加工工艺的创新。亿维讯公司开发的创新软件 Pro/Innovator 是发明问题解决理论 TRIZ、本体论、现代设计方法学、自然语言处理技术与计算机软件技术相结合的产物，对产品创新设计过程中所需的知识、工具、市场提供了全面支持，以帮助设计师在概念设计阶段进行创新思考以及创新设计方案的生成。此外，除了以 TRIZ 为核心原理的计算机辅助创新软件之外，还有很多其他模式的创新平台。例如，同是美国 IMC 公司开发的 Goldfire Innovator 是以 DFSS（六西格玛设计）为核心，以 TRIZ/ARIZ 为工具的完整实现计算机辅助创新设计的新产品开发环境，其中内嵌有超过 9000 条各个领域的科学原理，外挂全球 70 多个专利库，并与全球 3000 多个专业网站实时相联，包罗万象的知识库为设计师提供了一个功能强大、使用方便的创新设计平台。

综上，无论是 CAD 中的 CAID 设计模块，还是专用的 CAID 系统或专家系统都取得了长足的发展，各个软件系统或设计模块都有自己的特点和优势。然而，通过分析这些软件的形态设计功能，主要集中在产品形态创新设计、效果图显示以及产品形态的设计评价方面，虽然软件可以快速高效地产生逼真的设计效果图，但缺乏对产品形态的造型风格、审美特征设计的有效工具支持,仍旧需要依靠工业设计师和艺术家的主观经验来完成,在涉及人类智能的设计分析、评价、综合、推理和决策等方面的应用还十分有限。

第二章 产品设计造型的概述

产品设计造型在现代化社会里,呈现出惊人的视觉效果,不同的产品造型以各种形态吸引着人们的眼球,无处不在又超乎想象。在产品设计造型的过程中,人们赋予产品更多的思考,作为人类物质世界中最外在的视觉表现,同时也传达出内在的意义。本章是对产品设计造型的概述,从对产品造型的认识到其形态、美感、创新等方面,都进行了论述。

第一节 对产品造型的认识

一、日常生活中的造型

（一）常见的造型

在我们日常生活中所见的一切均可称为造型,包括建筑、商业设计、工艺品、绘画等一切平面与立体、静态与动态、抽象与具象的事物。造型与多门学科有关,包含力学、数学、物理、计算机科学等,并且造型充斥于生活的各个方面。

工艺造型设计、商业造型设计（图2-1）、工业造型设计、景观造型设计、建筑造型设计（图2-2）、服装造型设计等都是以改善生活为主要目的,这些形体具有美观性、实用性、创造性、经济性等特点。

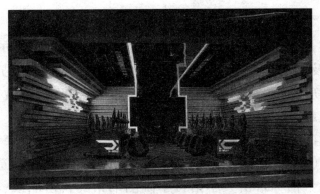

图 2-1　商业造型设计（网咖）

图 2-2　建筑造型设计（迪拜月亮塔）

（二）造型的多重视角

1. 形要从属于型

　　在工业造型设计的领域里,形要从属于型,在实际工作中也是一样。工业造型设计是作为艺术造型设计而存在和被感知的一种"形式赋予"的活动。形的建构是美的建构,而产品形态设计又受到工程结构、材料、生产条件等条件的限制。当代工业设计师只有将科学技术和艺术有机整合,才能设计出可变而意义丰富的型。设计者通常利用特有的造型语言进行产品形态设计,并借助产品的特定形态向外界传达自己的思想与理念。设计者只有准确地把握形与型的关系,才能求得情感上的广泛认同。

2. 造型的多重性格

造型是营造主题的一个重要方面,主要通过产品的尺度、形状、比例及层次关系对心理体验的影响,让观赏者产生拥有感、成就感、亲切感,同时,还应营造必要的环境氛围,使观赏者产生夸张、含蓄、趣味、愉悦、轻松、神秘等心理情绪。

对称的矩形显得空间严谨,有利于营造庄严、宁静、典雅、明快的气氛(图2-3);圆形和椭圆形显得包容,有利于营造完满、活泼的气氛。柏林自由大学语言学院图书馆的自由曲线,创造动态造型,营造了图书馆自由、亲切的气氛(图2-4)。曲线对人产生强大的视觉吸引,更自然,也更具生活气息,创造出的空间富有节奏感、韵律感和美感。流畅的曲线既柔中带刚,又有张有弛,可以满足现代设计所追求的简洁和韵律感。

图2-3　餐厅的桌椅设计

图2-4　柏林自由大学语言学院图书馆

所以,造型艺术能够表现出引人投入的空间情态,如体量的变化、材质的变化、色彩的变化、形态的夸张或关联等,都能引起观赏者的注意。产品只有借助其所有外部形态特征,才能成为观赏者的使用对象和认知对象,发挥其本身的功能。

二、对造型的认识

(一)型与形的理解

"型"是语言学中比较常用的词,属于范畴概念。其本义是指铸造器物的土质模子,引申出式样、类型、楷模、典范、法式、框架或模具的意思,如新型、型号。型可分为形和性,形指的是句法层面,性指的是语义特征。"让我百度一下"中"百度"在句法层面上归属于动词的形式(动形),在语义层面上应该化为名词性(名性)。所以形与型的区别在于:形表示样子、状况,如我们近些年的冬天都会买"廓形"的大衣,这里的"廓形"就是此意;型表示铸造器物的模子、式样。

当然,结合不同的组词方式和语境,它们的意义会更加容易区分。比如,原形是指原来的形状,引申为本来的面目,如原形毕露;原型指文艺作品中塑造人物形象所依据的现实生活中的人,在界面设计和产品设计中也经常会用到原型设计这一设计环节。

(二)造型的目的与设计原则

1.目的

人类在生活上的各种行为模式都有其目的,如穿衣是为了蔽体与保暖、搭车是因为希望到某个地方去、居住是为了休息、商业行为的销售是为了将商品贩卖给消费者等。对造型的行为而言,也有其目的性,只是目的性的表现程度不同,对造型的影响程度也有所不同。

带孔的卷尺,由设计师 Sunghoon Jung 设计,它入围了2012年 iF 设计奖(图2-5)。卷尺刻度每隔0.5厘米就有一个孔,上方还有一条空心的直线,无须借助圆规和直尺,就可以准确绘制圆和直线,是产品实用性的最好展示和设计本质需求的满足。

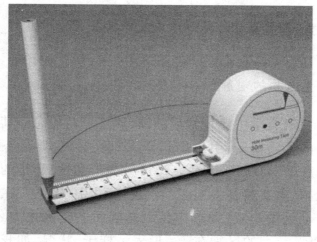

图 2-5　带孔的卷尺

设计除了要求视觉上的美观之外,还要求具有实用性与机能性,这些要求与造型的要求是相同的。造型与设计是密不可分的,从绘画、工艺、建筑等作品中可窥其奥妙,简而言之,设计与造型满足了人类生活的需求,更容易在生活中得到运用,使人们的生活变得更加便利及舒适。

2. 原则

(1)产品形态应清楚表达产品的功能语意,符合操作功能和人体工程学的要求。

(2)产品形态应与环境和谐相处,在材料的选用、产品的生产和在将来报废后回收处理时,要考虑其对生态环境的影响。

(3)产品形态应具有独创性、时代性和文化性。高品质的产品形态能准确传达形态语意。

第二节 产品造型中的形态认知

一、对形态的认识

"形态"一词,由"形"和"态"两个汉字组成。"形"字是指事物的形象或表现,也指生物体外部的形状,是空间尺度概念;"态"字是指"状态",表示发生着什么。"形态"作为中心词,已被很多不同层次和门类的学科所应用,在本书中所讲的"形态"是指艺术设计学范畴中的形态概念。

在《现代汉语词典》中,"形态"是指事物的形状或表现,也指生物体外部的形状。形态是指物体的外部"外形"与内部"神态"的结合。古代时期对形态的含义就有了一定的论述,如"内心之动,形状于外""形者神之质,神者形之用"等描述,都生动地指出了"形"与"神"之间相辅相成的辩证关系。"形"离不开"神"的传达,"神"也离不开"形"的支撑,无形而神则失,无神而形则晦,"形"与"神"之间不可分割,相得益彰。可见,形态要获得美感,除了要具有精美的外形,还需要具备一种与之相匹配的"精神势态",即达到"形神兼备"的艺术效果。

我们再放眼宇宙,宇宙是由物质构成的,那么任何物质都包含时、形和态三种属性:物质在某时间尺度与某空间尺度中发生着变化,可见物质的这三种属性以其固有的逻辑相互关联。自然界中的物体是包罗万象的,凡是我们的眼睛能够看到并且能够触摸到的物体,都是具有形态的。艺术家或设计师根据自己的阅历与审美经验,对物质进行再创造,形态正是创造的对象与创造物的表达方式。

（一）形态相关的概念

1. 形状

形状是指物体或图形由外部的线条或面构成的外表，表示特定事物或物质的一种存在或表现形式。例如长方形、正方形、三角形、圆形、多边形、不规则图形等。它是一个纯粹的集合概念，其构成要素是点、线、面在视觉上呈现出稳定的视觉效果，形状一般呈平面图形。例如，严格定义的几何图形、图案、图形符号、图标以及一些不规则的图形等都属于形状（图 2-6）。它们具有轮廓边界清晰，呈平面化特征，可以具备指示含义，也可以不具备任何特殊意义，仅作为图形存在。

图 2-6　漫画中简单的平面形状

2. 形体

形体是指形状和结构，也可以理解为将形状赋予结构支撑，从而构成形体特征。平面形状通过纵向或横向的运动，使平面的形状转换成体块，也称之为形体，如几何形体、三维形体等（图 2-7）。

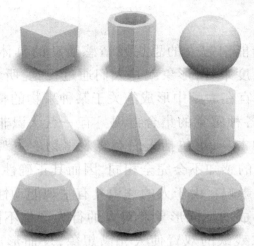

图 2-7 几种几何形体

3. 形态

前面已经讲解过,"形态"包含了两层含义,"形"通常是指一个物体的外形或形状,如我们通常讲到的正方形、三角形、几何形等。而"态"则是指物体所体现出来的神态或者精神势态,这是通过对物体进行变化,如利用旋转、扭曲、夸张、柔和等不同手法,对原有物体塑造出新的形态特征,体现出一种新的精神态势。"形态"就是指物体的外形与内部精神势态的结合,也就是形状、结构、神态的集合。如图 2-8 所示的产品通过设计产生变化,具备了一种精神与态势。

图 2-8 紫砂壶的形态塑造

4.形象

形象是指能引起人的思想或情感活动的具体形状或姿态。从心理学的角度来看,形象就是人们通过视觉、听觉、触觉、味觉等各种感觉器官在大脑中形成的关于某种事物的整体印象,简言之是知觉,即各种感觉的集合再现。有一点认识非常重要,形象不单是指事物本身,也包括人们对客观事物的主观感知,不同的人对同一事物的感知不会完全相同,因而其正确性受到人的意识和认知过程的影响。由于人的意识具有主观能动性,因此事物在人们头脑中形成的不同形象会对人的行为产生不同的影响。比如维纳斯雕像残缺的双臂使人充满想象,反而形成一种缺憾美(图2-9)。

图 2-9　维纳斯雕像

(二)形态的生成

通过以上概念的讲解,我们可以了解,形态是从平面形状转换成立体形体,再通过设计的手段,塑造出新的立体形态,最终体现一种形象。

形态的案例,图解形态的生成过程,如图 2-10 所示,从长方形的平面形状转化成立方体,再通过局部切割成小的体块,重新组合,形成新的形态,体现一种动态形象。

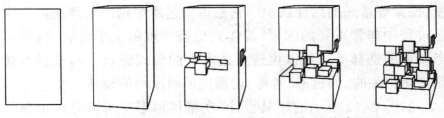

图 2-10　形状、形体、形态、形象的演变图

二、形态的固有属性

(一)力感

力感是一个抽象的概念,它是指一个物体应该表达的活力、生机、热情等心理感受。好的立体形态要充分体现力感,体现出视觉张力。

图 2-11 所示的是一种体现力感的产品,图中的立体形态是用金属材料做出的造型,在展开的飞鸟形态中形成一种张力,配合着金属原色,体现一种极强的力感。

图 2-11　金属工艺品

（二）量感

量感是指视觉或触觉对各种物体的规模、程度、速度等方面的感觉,对于物体的大小、多少、长短、粗细、方圆、厚薄、轻重、快慢、松紧等量态的感性认识。它是造型艺术中构图处理法则和构思过程中非常重要的因素,具体到形态尺度的大小、效果以及形态要素的选择等。可以说造型艺术中的形式感很多与量感因素是密切相关的,如疏密、对称、均衡或偏斜序列的设计。

如图 2-12 所示的家具设计,在整体形态中可以分割出新的功能,在尺度和规格上都要符合量感的要求,使整个空间呈现出一个和谐的氛围。

图 2-12　原木家具

（三）动感

动感是指立体形态体现出的运动效果,是相对于静止而言的,动感可以使形态更加灵动、活泼,充满生机。

图 2-13 中的杯子是设计师不小心碰翻了咖啡杯,在看到杯体倾翻的时候,想把这种状态永远定格下来,于是设计了这个倾斜的创意杯子。在倾倒的一边切削出陡峭的平面,用来加强倾斜的视觉效果,同时也让纯白的杯面更富光影变化。手柄采用抽象

的"天使小翅膀",杯体上的印花采用物理受力分析图,含义是"爱的合力是失重的原因,可以抵抗重力和阻力"。这样能够感受到杯子倾倒时的动感。

图2-13 体现动感的杯子设计

（四）空间感

空间是与时间相对的一种物质客观存在形式,可通过长度、宽度、高度、大小表现出来。通常指四方（方向）上下。

（五）质感

质感是物体通过表面呈现、材料材质和几何尺寸传递给人的视觉和触觉对这个物体的感官判断。在立体造型活动中,对不同物体用不同材料以及材料表面处理所体现出的表面特性称为质感。不同的物体其表面的自然特质不同,如水、岩石、竹木等表面质感都不相同;而经过人工处理的表面特征则称为人工质感,如砖、陶瓷、玻璃、布、塑胶等。不同的质感给人以软硬、虚实、滑涩、韧脆、透明和浑浊等多种感觉。其实质感在绘画造型艺术中也有体现,中国画以笔墨技巧,如人物画的十八描法、山水画的各种皴法为表现物象质感非常有效的手段;而油画则因其画种的不同,表现质感的方法也相异,以或薄或厚的笔触,表现光影、色泽、肌理、质地等质感因素,追求逼真的效果;雕塑则重视材料的自然特性,如硬度、色泽、构造,并通过凿、刻、塑、磨等手段对其进行处理加工,从而在材料的纯粹自然质感基础上,塑造出生动的形态。

三、形态的分类

物质的分类是系统认识事物的一种科学方法,由于物质都是复杂多变的,同时观察事物的角度也不尽相同,因此分类的方法也不同。形态的分类方法主要有以下几种。

(1)按照对形态的自身属性进行分类,可分为自然形态和人工形态。

(2)按照对形态的感知方式进行分类,可分为具象形态和抽象形态。

(3)按照对形态的空间维度进行分类,可分为平面形态和立体形态。

(一)自然形态与人工形态

现实的形态可以分为自然形态和人工形态。自然形态又可以分为生物形态和非生物形态,按照成形规律又可分为偶然自然形态与规律自然形态。现实形态都具有其特定的材料与结构,又都是材料与结构的外在表现形式。

1. 自然形态

自然形态是指在自然法则下,依靠自然力以及自然规律形成的各种可视或可触摸的形态,它不随人的意志改变而存在,并且是没有经过人工制造的形态(图2-14)。

大自然是一座宝库,丰富多彩,存在着各种美丽的事物,包含各种生物与非生物的自然形态。生物形态是指具有生命或曾经具有生命的形态,如美丽的孔雀、凶猛的虎豹、飞舞的蝴蝶、憨厚的大象、机智的猕猴、可爱的企鹅等,都属于生物形态;非生物形态是指没有生命的形态,如起伏群山、成荫树林、飞流瀑布、缓缓溪流、精致山石等。如图2-15所示为生物形态,如图2-16所示为非生物形态。

图 2-14　草地、河流、山脉组成的自然形态

图 2-15　生物形态

图 2-16　非生物形态

　　自然形态是一切形态的根源,当我们在森林中畅游,放眼望去,犹如沉浸在海洋之中,体会绿色带给我们的生命力;当我们

在夜晚仰望星空,虽然距离遥远,但那美丽的繁星犹如闪烁的灯光,在黑暗中带给我们光明与希望;当我们近距离观察每一片树叶时,会发现树叶之间都不尽相同,它的造型、色彩都会呈现不同的美感:绿叶体现清新,枯叶体现沧桑,残叶体现缺憾。当我们将每一片树叶撕开或卷曲,对其形态进行变化,也会形成不同的视觉效果,所以同一客观事物,通过不同的角度和方法,都会产生不同的形态美感,这些形态又是主导造型活动的来源。

自然形态按照其生长规律又可以分为偶然自然形态与规律自然形态。

（1）偶然自然形态

偶然自然形态就是指一些物体在自然界中偶然形成的形态,它们属于自然形成,不经过人的加工而形成的形态,如雷雨天空中出现的闪电,产生的冰雹,自然界中的群山、大海、云彩、烟雾、波纹等;又如物体受到自然力后产生的撕裂、断裂的形态,如物体经风力的影响,摔在地上破碎而产生的形态等。

偶然形态是一种寻求可以表现某种情感特征的形态,也称"不规则形态",它体现出非秩序性特点,变化多端、轻快而富有节奏,带给人一种特殊、生动、活泼、无序与刺激的感觉,但是形态难以预测与把控。尽管偶然形态并不是都具有美感,但由于这种形态具有一种特殊的自然力感和意想不到的变化效果,因而能给人一种新的启示或某种联想,有时这种形态比一般的形态更具独特魅力和吸引力。

（2）规律自然形态

规律自然形态是指由自然规律形成的具有秩序感的自然形态。通过显微镜观察,可以发现很多生物的内部结构具有某种秩序与规律,例如生物细胞,这些规律可以为设计活动提供思想源泉。

实际上人类很早就从植物中探究出了数学特征:花瓣对称排列在花托边缘,整个花朵几乎完美无缺地呈现出辐射对称形状,叶子沿着植物茎或杆相互叠起,有些植物的种子是圆的,有些是刺状,有些则是轻巧的伞状……这些都是自然生物富有规律的表现。

著名科学家笛卡儿,通过对一簇花瓣和叶形曲线特征进行研究,列出了一系列方程式,这就是现代数学中有名的"笛卡儿叶线",或者叫"叶形线",数学家还为它取了一个具有诗意的名字——茉莉花瓣曲线。后来,科学家又发现,植物的花瓣、萼片、果实的数目以及其他方面的特征都非常吻合于一个奇特的数列。也就是闻名世界的裴波那契数列:1、2、3、5、8、13、21、34、55、89……其中,从3开始,每一个数字都是前两个数字之和。我们以向日葵作为例子,向日葵种子的排列方式就是一种典型的数学模式。仔细观察向日葵花盘,我们会发现两组螺旋线,一组顺时针方向盘绕,另一组则逆时针方向盘绕,并且彼此相嵌。

所有这一切植物的生长规律向我们展示了许多美丽的数学模式,这也为产品造型设计提供了更多的灵感。

2. 人工形态

人工形态是指人类使用一定的材料,利用加工工具,有意识地通过劳动在材料要素之间进行组合,从而产生的新形态。

人工形态不同于自然形态,它是人类通过有意识、有目的的实践活动,从而创造出的新物质。这种形态要满足功能性,既可以是实用功能,也可以是精神功能,如建筑物、汽车、轮船、桌椅、服装以及雕塑等形态都属于人工形态,其中建筑、汽车、轮船等是从满足实用功能的角度来设计的形态,而雕塑等则是一种将形态本身作为欣赏对象的纯艺术形态,没有实际功能,仅仅满足人的精神需求。这就使人工形态根据其使用目的的不同,所具备的功能属性也产生不同,比如民间的匠人制作的手工艺品,通过民间艺术家的制作变成巧妙的艺术形态,受到人们的喜爱(图2-17)。

人工形态是人类在改造自然的过程中所产生的,它的形成包含两个重要方面,即工具与材料。它们直接影响着人类社会的生产力与生产关系,所以它与人类的关系最为密切,也承载着人类文明发展的信息,如生产力的水平、生产关系、文化信息等。

图 2-17 民间手工艺品

人类通过自身的智慧,在大自然的宝库中创造出各种人工形态。在人们生活的世界中,除了自然形态,剩下的几乎都是人工形态,这些人工形态不仅数量大,而且种类繁多,几乎涵盖了人们生活的方方面面,例如,我们使用的家用电器、穿的衣服、居住的室内空间、欣赏的艺术品等,甚至包括医学上所使用的一些器材。可以这样理解:我们的衣食住行,都是各种人工形态的集合。

比如人民大会堂室内穹顶的设计就是自然形态转换人工形态的案例。设计师吸收了"水天一色"的中国文化特色,把顶棚做成大穹隆形,顶棚和墙身的交界设计成大圆角形,使天顶与四壁连成一体。没有边、没有沿、没有角,达到了上下浑然一体的视觉效果,消除了生硬和压抑感,使人仿佛到了大海边,仰望星空,感受到那种壮阔与辽远,使人充满希望(图 2-18)。穹顶造型灵感来自向日葵、浪花以及星空,其中整体造型来源于向日葵花,代表光明,布置三圈水波纹暗槽灯,中心镶嵌直径为 5 米的红色五角星灯,代表坚持中国共产党的领导,周围设计成鎏金葵花瓣花饰,象征我国各族人民坚持党中央的领导,三层水波纹暗槽灯,一层层犹如浪花辐射,代表共产党领导人民群众走向胜利,灯光的布置犹如满天璀璨的星光,体现出光明照耀社会大众的核心理念,葵花向阳的五角星灯和波纹灯光的设计也体现出一种雄心壮志的气势与信念,更体现出设计者的独具匠心。历经岁月的沉淀,人民大会堂的室内整体设计依然体现着中国人民的非凡智慧。

图2-18　人民大会堂室内穹顶设计

(二)具象形态与抽象形态

形态根据造型特征可分为具象形态与抽象形态。具象形态是指依照客观物象的本来面貌构造的写实形态,其形态特征与实际物体相近,反映物体的真实细节和典型的本质特征。具象形态就是仿造描绘真实的原本形态,或者接近客观原形,使人一眼就能看出形态的全貌,理解形态的本意。

具象形态的特点是真实、细腻、生动,在于细节的体现,还原实物的本质。

1. 抽象形态的理解

抽象形态就是指在对具象形态进行充分认识与研究的基础上,保留其本质特征,去除非本质特征,并综合诸方面的要素,进行归纳、概括与提炼,从而形成新的形态。

抽象形态并不是直接模仿原形,而是根据原形的概念及意义创造新的观念符号,抽象形态不要求人们直接去理解形态本来的形象与含义,而是要观者结合自身的感知能力与想象能力,去体会造型的含义与意境。仿佛欣赏古典音乐一般,没有歌词的解释,需要听者去感悟音乐中的含义。因此,抽象形态的特点是简洁、概括,不拘泥于细节的罗列,通过简洁的元素来体现造型的精髓,传达意境之美感。

所以,为了进行造型与形态的研究,我们就必须将具象的形态进行高度提炼与概括,利用不同的基本元素去表达。这些元素也是人们通过对现实形态进行总结与分析,不断提取而创造出来的。

2. 抽象形态的分类

抽象形态一般包括几何学的抽象形态、自然界中的一些有机抽象形态和偶然发生的抽象形态。

(1)几何特征的抽象形态

我们生活的世界中,物体千姿百态,各具特色,但是基本上都可以归纳为矩形、棱形和曲线形,这些图形又可以变化为纯几何形,如正方形、三角形和圆形等图形。将平面形状转化为立体形态又可以变化为立方体、锥体、球体等几何学形态。

几何形态是几何学上的形体,它是经过精确计算而做出的精确形体,具有单纯、简洁、庄重、调和、规则等特性。几何学的抽象形态有以下种类:球体、圆柱体、圆锥体、扁圆球体、扁圆柱体、正多面体、曲面体、正方体、方柱体、长方体、八面体、方锥体、方圆体、三角柱体、六角柱体、八角柱体、三角锥体等,几何特征形态是以纯粹的几何观念提升的客观意义的形态,具有单纯的特点(图2-19到图2-21)。

图 2-19 书架的几何形态

图 2-20 吸顶灯的几何形态

图 2-21 冰箱、洗衣机的几何形态

（2）有机的抽象形态

有机的抽象形态是指有机体所形成的抽象形态，如生物的细胞组织、肥皂泡、鹅卵石的形态等，这些形态通常带有曲线的弧面造型，形态显得饱满、圆润、单纯而富有力感。

（3）偶然的抽象形态

偶然的抽象形态是指通过自然力或是人力，没有具体目标，随意产生的抽象形态。如搅拌液体产生的波纹、水中投入石块溅起的水花、敲打玻璃形成的碎纹等。这些抽象形态富有变化，曲线形态居多，灵动富有生机。

总之，自然界中蕴藏着极其丰富的形态资源，它是艺术与设计创作取之不尽、用之不竭的灵感源泉。对于产品造型设计活动来讲，更是宝贵的财富，许多设计师正是从大自然中获得灵感，从自然的形态中将美的要素提炼出来,从而创造出大量的优秀产品立体形态。

四、形态对人的心理感知

在人的心理感知系统中,具有符号特征的物体形态具备最典型的识别模式。认知心理学认为人们对对象的心理感知是依赖于人们过去的认识与经验,在视觉刺激的直接作用下,大脑进行信息加工,从而产生的一种心理感受。例如,平面给人平稳的感受,是因为平面容易使人联想到平坦的地面与其他平稳的物体等;曲面给人动态的感受,是因为其可以使人联想到弯曲的物体。世界是丰富多彩的,人的经验与知识也是多样化的,人的知觉受到各种因素的制约,所以对形态产生的感知也是多种多样的。例如,文化水平高的人群对形态的感知不同于文化水平较低的人群,因为他们的眼光、欣赏水平、受教育的程度等都存在差异,所以具有文化修养的人往往更追求一些抽象的形态,而文化修养低的人可能更喜爱一些具象的形态。

此外,人们对形态的心理描述总是可以利用词汇来表达的,如高雅与低俗的、光明与暗淡的、潮流与传统的、时尚与落伍的等,所以产品的形态最终要符合人们预期的心理感受。

格式塔心理学也是系统描述形态心理学问题的典型理论,也叫完形心理学。其出发点就是"形",强调"形"的整体性,它强调"形"是基于人的经验,并且具有高度组织水平的知觉整体。人们在感受某一形体时,总是根据经验或心理需要将其整体化、简洁化、秩序化,这样的形态会给人以舒服、和谐、愉快的感受。

五、形态在产品设计中的重要性

(一)产品形态

产品之"形"是指产品的形状,它是由产品的边界线,即轮廓线所围合成的展示形式,其包括产品外轮廓和产品内轮廓。产品外轮廓主要是视觉可以把握的产品外部边界线,而产品内轮廓是指产品内部结构的边界线。

产品的"形"是相对于空间而存在的,产品形之美是空间形态和造型艺术的结合。

产品之"态"依附于产品的形而存在,是指产品可被感觉的外观与神态。同一"形"的产品可以指定不同的"态",犹如同样的人可以穿不同的衣服,做出不同的表情,摆出不同的姿势,以此传达不同的感情。

(二)产品形态的作用

世界万物都是以其独有的形态而存在的,工业产品也是如此。在众多的产品设计中,并不是所有的形态都是美的,都能被人们所接受。在物质极大丰富和科学技术高度发达的今天,人们对产品的要求已经不再满足于产品的使用功能,在产品实用功能得到满足的同时,消费者对产品的适用性、宜人性、舒适性和美观性等给予了更多的期待,并以此作为评价产品口碑优劣的一个重要方面。

产品形态是信息的载体,能使产品内在的组织、结构和内涵等本质因素上升为外在表象因素,并通过视觉使人产生一种生理和心理活动。设计师通过设计使产品具备独特的形态,形态作为一种造型语言向外界传达出设计师的思想与理念,更向消费者传达产品的信息,消费者在选购产品时也是通过产品形态所表达出的信息来进行判断和衡量,并最终做出是否购买的决策。

抽象形态运用的产品形态案例,如法国设计师设计的银莲花灯饰系列。银莲花灯饰系列外形酷似水上莲花,全部用聚乙烯材质手工制作,透明而又有动感。在夜晚,一个个的银莲花灯就好像水下珊瑚,婀娜多姿,丰富多彩(图 2-22)。

图 2-22　银莲花灯饰

　　还有一款国外设计师设计的蘑菇灯具,形态造型来自大自然中的蘑菇。设计师在形态上对其进行概括和提炼,使产品的布局高低错落有致,形成一种美妙的秩序感。内置小型 LED 灯,可选择多种颜色。底座选用一块天然木材,利用天然材料与人工设计的灯饰形成细节对比,但没有突兀的效果,非常自然。整体灯具的形体仿佛从自然木材中生长出来一般,体现一种自然的生命力,在灯具设计中蕴含了深刻的寓意(图 2-23)。

图 2-23　蘑菇灯

第三节 产品造型的形态与美感

一、形态设计要素

产品本身的视觉元素与用户形成的心理感受共同构成了产品的形态。点元素是形态设计中最基础的元素,也是形态中的最小单位。造型设计中的点具有一定的形体(即形态和体积或形状和量感),相对小单位的线或小直径的球,都被认为是最典型的点。

(一)点

点不仅只是圆形的点,也可以是方形的或异形的。点可以作为透气的孔、滤网、按键、装饰风格等,根据点的不同作用可分为功能点、肌理点、装饰点和标志性点。

1.功能点

在产品形态设计中,点元素承载某种使用功能时,我们把其称为功能点。在产品造型设计中,功能点主要表现为功能性按键、具有提示功能和警示的灯等,如手机的按键、电脑机箱的开关、滤孔、音响(图 2-24)等。

图 2-24 点在产品中的应用

2. 肌理点

所谓肌理,在词典上解释为皮肤的纹理,在设计领域中解释为形象表面的纹理。大多数情况下,肌理本身也是一种操作痕迹。概括地说,肌理是由材料表面的组织结构所引起的纹理,这种纹理可以是天然形成的,也可以是通过人为加工而产生的某些表面效果。这里谈到的肌理点,是指表面的纹理效果以点形成虚面的方式呈现,并且在产品的设计中具有一定的功能性。也就是说,在产品形态设计中,其形态的表面因功能需要而设计使用的具有一定功能的、密集的点状元素,在触觉上已产生相似的接触感。

肌理点因形态不同可分为凸形肌理点、凹形肌理点和镂空肌理点。凸形肌理点表现为防滑的功能时,主要出现在使用者的手接触的地方,如手柄或需要抓、拉的区域。凹形肌理点和镂空肌理点表现为散热、透音和防滑的功能时,这些点的布置主要与产品的内部功能构件位置相对应,根据产品形态设计需要,如根据产品大小和形状等,进行局部图案或整体渐变点阵设计(图2-25)。

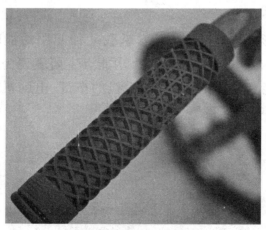

图 2-25　产品中的肌理点

产品的形态通过点的阵列或渐变有序的排列,可在产品表面形成一定的肌理效果,或呼应产品局部造型,或表现产品的工整感、精密感。由于消费者的爱好兴趣不同,设计者在产品设计中可利用肌理创造出多样化、个性化的形态以满足消费者的需要。该产品的设计非常精致，其造型表面通过挤压工艺，使橡胶从抛光的金属面板中的小孔挤出，形成一粒粒排列有序的球体表面。橡胶的软与金属的硬形成质感的对比，而且也加强了摩擦。整齐的橡胶小圆点在金属中"破土而出"，在光泽中给人以柔和与亲切之感，又显示了其精密性，为严谨的理性设计增加了丰富、含蓄的艺术语言。

3. 装饰点

通过点阵排列，打破产品中过于呆板、简单的表面，起到装饰美化产品表面的点，我们称之为装饰点。这些点的使用有助于产品传达设计目的，丰富观者的视觉经验。在设计装饰点时，设计者应遵循形式美原则。

4. 标志性点

标志性点主要表现为产品界面上的品牌标志、品名、型号等增加产品识别性的点状元素。这种标志既有二维（平面）的，也有三维（立体）的，无论这些点元素在产品界面中呈现二维还是三维，其所处界面中的位置、大小，还有色彩都对产品形态产生重要的影响。

造型活动均以符号的形式与人们进行沟通与交流，因此造型越简洁越好，以方便人们记忆。即使是极为简洁的符号也要明确表达设计意图，否则将失去造型意义，即需要"将暧昧的东西加以确切化"，"将复杂的东西加以简单化"。

仔细观察即可看出，以点作为造型语素的关键在于，其他部分的造型语素与手段要尽量单纯、简洁，要么以相对位置作为背景，要么以小尺寸的圆点排列作为对比，都是为了突出点的核心视觉地位。如果要在点造型的周围使用线型语素，则需要附加过渡的调和语素。

（二）线

线，在几何学定义中指的是一个点任意移动所构成的图形，其性质并无粗细的概念，只有长短的变化。在平面设计中，线是表现所有图案应有形状、宽度以及相对位置的手段；在产品设计里，线是构成立体形态的基础；在立体形态中，线要么表现为相对细长的立体，要么表现为面与面之间的相切线，所以又被称为轮廓线。线是最易表达动感的造型元素。线在形态中有两种存在形式：一是直线，二是曲线。

直线是一种相对安静的造型元素，可给人以稳定、平和、单纯、简朴等感觉。从方向感来看，直线包括几种变化形式，即水平线、垂直线、对角线与折线。以直线为主要造型元素的产品，容易表现出简单、坚定、硬朗、清晰等特点。发端于 20 世纪 20 年代的现代主义设计，绝大多数设计师都诉诸直线或规律的几何形态来突出对机器美学的追捧，对天下大同的美好追求，以及对未来生活的坚定信心。

格雷特·托马斯·瑞尔特威德设计的红蓝椅（图 2-26）享誉 20 世纪，成为风格派最著名的典型符号，这把椅子现在被多个博物馆收藏。按照纽约现代艺术博物馆的介绍，格雷特·托马斯·瑞尔特威德借鉴了他在建筑设计中的手法，考虑了线性体积的运用，以及垂直面与水平面的相关关系。这把椅子在 1918 年首次面世时并没有颜色，后来受到彼埃·蒙德里安及其作品的影响，于 1923 年上色完成。

格雷特·托马斯·瑞尔特威德希望所有的家具最终都能实现大批量生产、标准化组装，以实现设计的民主化，为更多普通家庭所拥有。同时，这把椅子中近乎疯狂的直线运用，实际上表达了设计师更为宏大的理想：通过单纯的几何形态来探索宇宙的内在秩序，并创造出基于和谐的人造秩序的乌托邦世界，以修正欧洲因第一次世界大战而造成的满目疮痍。

图 2-26　红蓝椅

瑞典设计师 Mattias Stahlbom 设计的一款 THREE 吊灯（图
2-27），它有着精致的结构，灯身由优雅的线条构成。灯具的光感
断续朦胧，虽然是来自北欧的设计，却体现出了东方气息的风格。

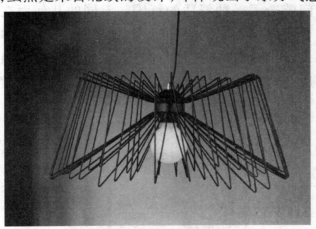

图 2-27　THREE 吊灯

与直线的利落与干脆不同，曲线在产品造型中更容易引起动
态、曼妙、神秘等视觉心理，多被运用到面向女性消费者等用户人
群或强调浪漫、私密感的室内空间等场所。曲线分为几何曲线和
自由曲线。几何曲线更为规整、有序，表现出规律性；自由曲线
则更为自然、无序，表现出生命力。

（三）面

面，是指线在移动后形成的轨迹集合，是一种仅有长宽两种维度，没有厚度的二维形状。在产品形态中，面表现为长宽构成的视觉界面，即使有厚度，在一般情况下也大致可以忽略。从设计心理学上讲：简单的面，体现极简和现代的特点，给人清爽的感受；极富曲率的面，给人以亲和、柔美的感觉。按照不同的形成因素，面可以分为几何面与自由面，前者表现为圆形（面）、四边形（面）、三角形（面）、有机形（面）、直线面与曲面等；后者则是任意非几何面，包括徒手绘制的不规则面和偶然受力情况下形成的面等。

PH Artichoke 吊灯（图 2-28），是一组很复杂的反光板面围成一个好像松果形式的灯，这些反光板通过面的组合、有序排列形成了漫反射、折射、直接照射三种不同的照明方式，使吊灯灯影为装饰空间营造了一种舒适的氛围。不同的几何面在产品造型的运用中会激发出不同的心理感受，比如，圆形容易体现出韵律与完整感，四边形则显得整洁与严谨，三角形凸显出稳定、向上、坚强等特质，有机形显得自然又富有生机，曲面显得柔和而富有动感。

图 2-28　PH Artichoke 松果灯

（四）体

体，也称为立体，是以平面为单元形态运动后产生的轨迹。体在三维空间中表现为长、宽、高三个面（形）。体的构成，既可以通过面的运动形成，也可以借由面的围合形成。不同于点、线、面三种仅限于一维或二维的视觉体验，体是唯一可以诉诸触觉来感知其客观存在的形态类型。

类似于面形的区分类型，体也可以分为平面几何体、曲面几何体以及其他形态几何体。按照形态模式及体量感的差异，体还可以分为线体、面体以及块体。在设计专业的基础课程立体构成中，可接触到众多基本的体构成方式。

线体擅长表达方向性与速度感，体量感较为轻盈、通透；面体则具有视觉上的延伸感与稳定性，体量感适中；块体是体量感最为强烈的体形态，是面体在封闭空间中的立体延伸状态，具有连续的面，因此兼具真实感、稳定感、安定感与充实感。

二、产品造型的美感

（一）美与审美

美是客观事物对人的心理产生的一种好的感受，就造型设计而言，如果某一产品具有美的形态，在人们的视觉上就容易引起诱导，吸引观察者的视线，同时在观察者的心理上也易于产生愉悦之感，即美感。美感的主要特征是一种赏心悦目的快感。

审美是人们对客观事物美与不美的评论，而审美过程是一种复杂的精神活动，人们在追求美、创造美和评议美的过程中，总是以一定的审美趣味、审美观念和审美的时代感为基础的。因而美与不美都与审美者的美学修养、审美观念和时代性有着密切的关系。今天是美的，但明天可能不称之为美的，但大凡总有一个共同的看法和标准，美的总归还是美的，它总会被大多数的观察者所承认和接受,其总的标准不会有多大变化,这个标准乃是建立在美学法则的基础上的。

美与审美是不可分割的两个词意,它是美学中比较重要的组成部分,但人们一谈到美学,容易联想到高深的理论,变得神秘莫测。其实我们每个人每日都要接触美、创造美和欣赏美,正如高尔基所说的"人人都是艺术家,他无论在什么地方,都希望把'美'带到他的生活中去"。人们日常要接触和使用大量的工业产品,这些产品不仅满足物质功能要求,而且也满足精神上的审美要求,这就要求产品既要实用,又要符合美的规律造型。如果产品的外形美观,就会给人们的生活营造和谐的审美气氛,使人们赏心悦目,心情舒畅,还会促进人们培养和提高审美水平,因此美学法则应该是人们审美的主要依据,也是产品造型设计的理论根据。

(二)设计之美

1. 生活美

设计艺术的本质就是人类生活方式的设计,生活之美是设计之美的终极目标,离开了生活,设计之美就失去了存在的基础,成了无源之水、无本之木。人类不仅仅需要艺术美,而且也需要生活美;设计之美就是生活的美,设计美学也就是生活的美学。

人类的生活已离不开设计艺术,从生活用品到生活环境,即在衣、食、住、行、用各方面,都需要设计师精心的设计和创造。设计艺术的发展离不开"生活美"这个根本目的,外国学者菲利浦·史第曼在其著作《设计的进化》中,认为设计的发展或"进化","与其说是达尔文式的还不如说是拉马克式的,即它能够有目的地适应不断变化的条件。人工制品没有表现出随意选择的迹象,随意选择是有悖目的论的"。"有目的地适应不断变化的条件",就是人们生活方式的不断变化以及"生活美"内涵的不断丰富与革新。

　　在不同的历史时期,人们过着不同的生活;不同时代的生活美的差异性,就表现在不同的设计及其物化产品方面。古代中国人从"席地而坐"发展到"垂足而坐",这两种生活方式的形成、发展,是与家具的设计与制作有关。"席地而坐"的时期,如汉代和六朝时期,家具的造型尺度都是低矮的,汉代的榻和食案都很矮;六朝以后到隋唐时期,扶手椅、靠背椅、长桌、长椅及高型家具出现了,人们的生活方式开始转向"垂足而坐"了。西方在产业革命前,一些手工制作的高档工艺品,只能供少数贵族、富人享用,广大民众则过着贫乏的生活;产业革命之后,随着科技的进步,设计艺术的发展,不少产品趋向于批量化、规格化生产,大大降低了生产成本和产品价格,使广大民众在生活中真正能够享用到价廉物美的用品,大大改变了民众的生存状态,丰富了、美化了、充实了、提高了民众的生活。正是由于设计的生活美的内涵,普通百姓都能过上富足美满的生活。

　　设计艺术的"生活美",不是空洞的概念,而是鲜活的东西,它直接从生活中来,这就要求设计师不能拘泥于现成的、书本上的美学法则。设计师要深入生活,体验生活,了解民众的生活习惯、审美情趣,设计出为他们所喜爱的生活用品和生活环境;同时也要吸收中国古代设计艺术中的精华,如古代彩陶器、商周青铜器、汉代漆器、宋代瓷器、明代家具等,都达到了生活美的极致,这些都是我们现代艺术设计可以借鉴的宝贵资源。

　　设计之美的"生活美",具体体现在衣、食、住、行、用等方面,因而有了服饰之美、烹饪之美、建筑之美、交通工具之美、器物(产品)之美等。

　　(1)服饰之美

　　随着人们生活水平的不断提高,服饰之美越来越成为人们生活中的重要内容,它已经成为衡量个人生活质量与社会生活发展水平的一个重要尺度。

　　服饰之美应该成为美学的研究对象。早在19世纪,德国哲学家费尔巴哈曾说:"难道裁缝不具有美感吗?难道衣服不是同样也要在艺术的论坛前受到裁判吗？"服饰之美也按照"美的规律"来创造，是工艺美和艺术美的融合，既能表现人的外在美——人体美，又能显示人的内在美——风度美、气质美等。

服饰之美的两大基本要素为款式和色彩。不论是款式，还是色彩，变化都非常之快，就裤脚来说，曾流行喇叭裤、小脚裤，而后是直筒裤，再后来又是萝卜裤，变化之快，令人目不暇接。尽管如此，我们还是能够寻找到服饰之美的法则：合体的款式与和谐的色彩。服饰的款式要以合体为原则，款式要与人的脸形、体形相吻合。

（2）烹饪之美

古人云："民以食为天。"孔子也说"食不厌精"。我国的烹饪之美集中体现在"色""香""味""形"四个方面，即菜肴的色泽美、嗅觉快感、味觉快感、造型美感。

我国的烹饪之美还表现在食器、餐具的精美，古代的青铜器皿、金银器、陶瓷器，现代的杯、盏、碗、碟、筷、勺等都经过精心的设计，所谓"钟鸣鼎食""葡萄美酒夜光杯""玉箸银盏"等。不仅中国如此，外国的餐具设计也很精美。芬兰的陶瓷和玻璃器皿设计取得了惊人的成就，像北欧其他国家的设计一样，芬兰设计也是非常注重自己的民族文化传统，把设计与本民族的文化传统与自然环境结合起来，形成独特的设计文化。芬兰著名的瓷器设计师伯格·凯皮安纳（Birger Kaipiainen，1915—1988）设计的瓷器，往往喜欢采用鲜亮、饱满的色彩来进行装饰，装饰主题多是花果、虫鱼等。他在1969年设计的伊甸园桌上用品，以硕大的水果、盛开的花朵为装饰题材，给人以清新、愉快的审美感受，也具有浓厚的装饰味（图2-29）。

（3）建筑之美

建筑美非常注重空间的美。建筑设计不仅仅是三维设计，加上时间一维，就是四维的设计了，因而，建筑的美感才可能变成一首首"凝固的音乐"（德国哲学家、美学家谢林语）。

建筑之美首先体现为功能之美。现代建筑功能美是在钢筋混凝土、玻璃幕墙、壳体结构技术等新材料、新技术的支撑下获得的。如我们所熟知的巴黎的蓬皮杜艺术中心,其建筑形态非常独特、新奇,充分展现了现代建筑的理念——功能至上。

图2-29　伊甸园桌上用品——盘子

除了空间美,建筑实体形态的美也是建筑之美的组成部分。不同的建筑实体形态,会表现出不同的审美价值。中国的故宫,体现出严谨对称和庄严的古典美;赖特的流水别墅,展现出清新活泼且自然的和谐美;玻璃幕墙代表了建筑设计中简洁明快的现代美。

（4）交通工具之美

交通工具的美,首先在于"用",其次才是"美"。自行车与我们的日常生活关系密切,有款德国自行车是专为公路赛车特别设计的,整车重量极轻,仅重7千克左右,它是采用高科技的碳结构制造的,所以它显得既轻巧美观又坚固耐用(图2-30)。

我们知道,交通工具从马车到汽车完成了一大飞跃,随着科学技术的不断进步,汽车的功能在不断的完善,汽车的外观在不断地变化。最早的汽车外形与四轮马车非常相像,1908年美国的亨利·福特设计了T型车,色彩几乎是黑色的,直到20世纪50年代末期,雪佛莱汽车才"彩色化",它更加符合人们的审美心理。由于"流线型"设计思潮的影响,快速、美观、舒适的汽车就出现了。今天,高新技术在交通工具设计上的应用,使得现代汽车、摩托车、飞机变得更加快速、更加安全、更加美观、更加符合环保要求。

图 2-30　公路自行车

（5）产品之美

器物、产品的美是生活美的重要内容,它要符合适用性、经济性、审美性和创造性等审美标准。

产品之美首先建立在适用的基础上,对人必须具有使用价值,能为人所用,使人感到方便、顺手、合适、舒畅。"适用"的含义有两层:一层是"有用的","有用的"是产品的一个重要功能,产品如果失去了这样的功能,也就没有什么使用价值;功能包括物理的功能、生理的功能、心理的功能和社会的功能等;另一层是"用起来舒适","用起来舒适",这在产品设计美学中也称之为宜人性。在工业设计史上,美国著名设计师雷蒙·罗维于20世纪30年代把"流线型"设计风格运用到电冰箱的外观设计上,把冰箱的顶部设计成弧形,当时美国的家庭主妇纷纷抱怨,说这样的冰箱顶部连个鸡蛋都放不住,可谓中看不中用,违背了设计的适用原则。

产品之美还必须尽可能地符合人机工程学原理,使人在生产和生活中,以最小的能量消耗去增加较多的舒适感,这也是产品美学中经济性的内涵。

现代产品设计是在批量化的背景下进行设计和生产的,它能够满足更多的消费者的需求。在新世纪里,设计师要在保证产品质量的前提下,研究材料的特性(少污染、可回收),增加产品的使用寿命,节约资源,降低生产成本和客户的使用费用,这样,既为企业创造经济效益,又为消费者带来经济实惠。

产品的审美性,不仅仅表现在产品外观形式的美化上,还存在于产品内在形式结构的合理化方面。产品内在形式结构的合理化就是要符合功能美的要求(技术功能、物理功能等),功能美是产品在市场畅销的根本保证。

2. 技术美

长期以来,纯艺术是美学研究的主要对象,美学曾被认为就是艺术哲学。然而,从手工业时代到工业化时代,直到今天的信息时代,设计艺术中的工艺美或技术美是一直存在着的。中国第一部工艺美术文献《考工记》中就有"工巧美"的论述。工艺美、技术美具有功利性、物质性、情感性。

(1)功利性

原始先民在创物制器的过程中,最早是从实用功利上去考虑的,而审美意识正是在实用意识中孕育而成。俄国美学家普列汉诺夫说得非常明白:"那些为原始民族用作装饰品的东西,最初被认为是有用的,或者是一种表明这些装饰品的所有者拥有一些对于部落有益的品质的标记,而只是后来才开始显得美丽的。使用价值是先于审美价值的。"[①]人类所创造的物品,是人的目的的实现,是人的本质力量的直观体现。人们面对自己创造出来的物品,自然会产生一种愉快感。这种愉快感正是在物品给人的生活带来便利的基础上产生的,因而,从审美发生学的角度看,功利性是审美的基础。

传统美学理论把排斥功利性当作先决的审美前提,说审美不涉及实用功利。这种观念只适合于纯艺术或自然美的审美,如果把它作为整个审美活动的前提,就不完全正确了,因为它不适合

---

① [俄]普列汉诺夫.普列汉诺夫美学论文集[C].北京:人民出版社,1983.

设计艺术的审美规律。设计艺术的审美就是建立在实用功利的基础上,离开了实用功利性,设计艺术的审美价值就无从体现。设计艺术是实用与审美的有机统一,如民间工艺中的老虎鞋、老虎帽、涎兜、鞋垫等。

（2）物质性

工巧美、技术美不是抽象的,而是实实在在的物质形态的美。像古代的石器、陶器、瓷器、丝织品、家具,现代的搪瓷与玻璃制品以及大量的工业产品等,都是以具体的、实在的物质形态,感性地呈现出来。而技术美的物质形态是通过对材料的加工制作而产生的。如家具的技术美,就是通过对木材的加工制作而表现为家具的结构美、肌理美、材质美等。正因为技术美具有很强的物质性,设计艺术的审美才受到多方面的制约,它至少受到材料、用途、功能、结构等因素的束缚。有人说,美是自由的象征,那么,设计之美就是不自由的自由象征。

（3）情感性

情感属于心理学的范畴,人类的造物活动及其产品,肯定包含着丰富的心理内容。马克思曾指出:"工业的历史和工业已经产生的对象性的存在,是一本打开了的关于人的本质力量的书,是感性地摆在我们面前的人的心理学。"马克思论述的是工业产品,推而广之,人类的一切物品包括人类早期的石器直至今天的宇宙飞船,都包括在内,其中的工巧美、技术美是具有情感内容的。工巧美、技术美的情感内容是如何表现出来的? 一方面它不仅和人类具有功利的关系,而且在使用过程中,让人欣赏到主体的创造力量与创造才能,这样,人与工巧美、技术美之间就形成了一种情感认同;另一方面,设计艺术及其物化产品的技术美,也是设计师对生活的美好情感物化的结果。技术美的情感性,不像纯艺术(诗歌、小说)那样显露、直露,它是以物化的形式隐性地存在着的。

3. 艺术美

美学原理告诉我们：艺术美往往是指艺术作品之美，它是艺术家按照一定的审美理想、审美观念、审美趣味，对现实生活中的自然事物和社会事物进行选择、集中、概括，通过一定的物质材料，运用一定的艺术技巧，将头脑中所形成的审美意象物化出来，则成为艺术美。艺术美的本质就是艺术家创造性劳动的产物。

艺术美的出现要晚于技术美，因为艺术来源于技艺、技术。中国古代甲骨文中的"艺"字，是一个人在种植的象形字，表明了艺术来源于劳动技艺；西方话语中的"艺术"（拉丁文 Ars），原来也是技术的意思。这说明在古代社会中，"技"和"艺"是统一在一起的，工匠就是艺术家。今天，设计师与艺术家有所不同了，艺术家主要从事纯艺术的创作，设计师是把技术与艺术、功能与造型完善地结合起来的人。20 世纪 80 年代出现了减少主义风格的设计，在形式上追求极其简单的、少之又少的艺术效果，显然它受到米斯设计观的影响。这种风格的典型代表就是法国的菲利浦·斯达克（Philippe Starck，1949—），他的设计作品极具个性，富有魅力（图 2-31）。

图 2-31　菲利浦·斯达克设计的凳子

4. 规范美

现代工业产品的生产已融入全球经济一体化的潮流中，一个产品必须经过多个企业的各个专业相互配合才能生产出来,所以产品的造型必须符合生产工艺流程,符合大规模、标准化、通用化和系列化的现代生产特点。反过来说,由于产品适合于现代化生产过程,其零部件标准化所形成的外形尺寸整齐划一,表现出强烈的逻辑性和秩序感,这就是规范美所在。

所谓标准化,是产品在设计和生产过程中,按照统一的国家或国际标准进行投产和施工。标准化也就是制定和实施技术标准的工作过程。

所谓通用化,是指在同一类型、不同规格或不同类型的产品中,提高部分零件或组件彼此相互通用程度的工作。

所谓系列化,则指在同一类型产品中,根据生产和使用的技术要求,经过技术和经济分析,适当地加以归并和简化,将产品的主要参数和性能指标按照一定的规律进行分档,合理安排产品的品种规格,以形成系列。

标准化、通用化和系列化是一项重要的技术、经济政策,它不仅有利于产品整齐划一、改型设计,使产品具有统一中的规范美感,协调中的韵律美感,而且有利于促进技术交流、提高产品质量、缩短生产周期、降低成本、扩大贸易,增强产品的市场竞争能力。

产品造型设计中应用美学原则和艺术规律具有很大的灵活性,而且随时代的发展而变化,因此,设计过程中可能与原有的标准或产品的系列化、通用化产生矛盾或不协调。对于这种情况,一方面应该通过艺术手段减弱不协调因素,并在线型风格、主体色彩、装饰设计等方面形成独特的风格,从而使它达到统一和谐。另一方面,在制定标准和系列时,也应该在可能的情况下,不要作过于硬性死板的规定,留有余地,只有这样才能促使产品造型设计在满足规范化要求的基础上,使产品形象更加丰富多彩,并更有利于创造出符合时代要求的新产品。

在设计中体现技术美的方法,首先是广泛收集相关产品科技创新发展的信息,然后提出针对新产品功能的新技术整合与应用方案。如以数字技术替代模拟技术；用电子技术替代传统的机械技术；采用新能源、新材料、新工艺等。其次是使先进的"内核"技术外显。如手表表面透明，可以看到机心运转；将控制芯片、集成电路适当外露，使消费者直观地感受到先进技术的美感。

20世纪80年代初，数字液晶显示的电子手表，以其与传统机械表完全不同的新技术，独特的外观造型和低廉的价格，受到消费者的追捧，一度风靡全球，几乎要占领整个手表市场，将机械表逼到绝处，但随后不久，这种手腕上的小饰品，又潮水般地退出市场。几乎所有的设计人员，都朝着使用新技术来提高手表的性能方向勇往直前，推出了分秒不差的石英表，但其外观仍回到机械表的式样。

瑞士的手表设计师则致力追求独创的复杂构造与完成度要求极高的外观设计。他们对手表的设计追求着和宾利汽车一样的高级感，外观是又时尚又轻快的设计，而机心的驱动装置仍遵循瑞士的传统技艺，巧夺天工，创造出一种崭新的高级的技术美。他们对手表的设计目标是"在展示柜里能脱颖而出，以吸引消费者的注意；戴在手腕上能艳压群芳，吸引众人赞叹的目光"，以显示瑞士手表的尊贵感。例如超薄镂空雕金表，在薄到几乎透光的驱动装置上施以镂空雕金，呈现出强烈立体感的模样，与其说它是机械，还不如说是一种工艺品。它们早已超越显示时间的基本功能，由充满了装饰色彩的零件所构成（图2-32）。即使陀飞轮这种结构，也多半已超越其原来功能，被用作设计的一种手法。

瑞士表能东山再起，并非基于其计时功能，而是作为一种身份和个人风格的象征。中、高档手表是在首饰店出售，高端手表用黄金、白金、钻石等制成，其结构精巧尤胜首饰，使人爱不释手。敞开式机械表的优点在于其质感和动感，游丝、摆轮、齿轮都在和谐地运动不止，令人赏心抒怀，这是电子表无法比拟的。瑞士能工巧匠和设计师扬长避短，将手表技术美的优势发挥到了极致的地步。

图 2-32　瑞士手表形制

一件工业产品,从设计到生产、销售,所涉及的领域是多方面的。作为造型设计者必须具备有关方面的知识,不仅需要科技的理智,而且还应具有敏锐的感觉和丰富的情感,用人类共识的科学、技术、艺术的"语言"来塑造出现代产品形象。

第四节　产品造型设计与体验创新

一、产业设计体验

(一)体验设计

体验是一个源自心理学的概念,指主体受客体的刺激而产生的内在反应。每一种基于个人和群体的需求、期望、知识、技巧、经验和感知的考虑都是人的体验。谢佐夫认为,体验设计将消费者的参与融入设计中,使企业把服务作为舞台、产品作为道具、环境作为布景,使消费者在商业活动过程中感受到美好的体验过程。

(1)体验设计是一门新兴的交叉学科。这门新兴的学科正试图从认知心理学、认识科学、语言学、叙事学、触觉论、民族志、品牌管理、信息架构、建筑学等各种交叉学科中呈现出来,广泛应用于产品设计、信息设计、交互设计、环境设计、服务设计等不同领域的产品、过程、服务、事件和环境的实践中。

（2）体验设计是一种创新设计方法。它不同于传统设计方法,传统设计更多地把重点放在功能或外观上,而体验设计却会让产品更好用,旨在让用户产生惊喜。

（3）体验设计的关注点从功能实现和需求满足转向用户体验,以便达到其最终目的——让用户产生惊喜。假如手机公司委托设计师代为设计其商品,除了手机的外观形式及包装外,手机的设计重点应该放在如何营造一种愉悦的使用心情,也就是让人们觉得不仅仅是使用手机,而且手机使用过程是一个令人愉悦的过程,这就是体验设计所强调的。

（4）不论是设计一支笔,还是设计一个完整的系统空间,体验设计都通过使用情境发现问题、明确目标和提供解决方案。

（5）体验设计的重点在于体验的过程,而非最终的结果。

(二)产品体验设计范畴

正如社会经济形态的更替发展的必然趋势,体验设计的产生也是必然的趋势。被微软公司形容为设计最佳和性能最可靠的新一代操作系统 Windows XP,其"XP"正是来自"experience",中文意思即为"体验",该新操作系统为人们重新定义了人、软件和网络之间的体验关系;还包括戴尔公司的"顾客体验,把握它"、联想公司的"以全面客户体验为导向"等,很多知名企业都在发展新计划中提出了"以客户为中心,追求客户体验"的新目标。

体验设计脱胎于体验经济,是体验经济战略思想的灵魂和核心。它是一个新的理解用户的方法,始终从用户本身的角度去认识和理解产品形式。

产品体验设计的目的是唤起产品使用者的美好回忆与生活体验，产品自身是作为道具出现的。体验性产品是整个体验舞台中最关键的道具，所以这就需要设计师在进行产品体验设计时要具有一种较以往更系统、更全面、更深入、更具广度和深度的设计思想。

（三）产品体验设计流程

体验设计的工作内容大致可分为以下几种。

需求分析：从商业目标、用户需求、品牌方向、分析竞争产品方面收集历史数据，充分地了解产品思路和用户群特征、需求，整理出需求文档。

原型设计：根据调查情况，做一些典型用户的角色模拟和使用场景模拟。

开发设计：通过情境再现来总结和细化用户使用中的各种交互需求，最后通过流程图和线框图的形式把设计结果表现出来。

产品体验设计的流程有两个概念要弄清楚，即用户使用流程和业务逻辑流程。二者虽然看上去相似，但是本质完全不同。用户使用流程从用户的角度出发，描述了用户的交互过程和需求；而业务逻辑流程从技术层面出发，为了满足用户的需求。因此，用户使用流程演变成业务逻辑流程，是在满足用户的需求；但业务逻辑流程演变成用户使用流程，则是要求用户按照设计师的思维来使用产品，以这种设计流程设计出来的成品不一定是满足用户需求的产品。

用户体验设计工作是一个循环的迭代过程。用户使用流程是业务逻辑流程的需求表现，用户体验设计的工作应先于业务逻辑的设计工作。具体来说，就是先考虑产品的交互设计，然后再考虑业务的逻辑和架构，这样对产品体验设计的成效更大。

二、产品中存在的体验形式

体验是在某些背景下，因某种动机而从事的活动中产生的感受。体验设计，不是设计体验本身，而是营造一个平台或环境来展演体验。体验可分成不同的形式，且各自有其固有而又独特的结构和过程。伯德·施密特在《体验式营销》一书中提到可以将体验的形式分为感官、情感、行动、思考、关联这五个战略体验模块。

（一）感官体验

感官体验诉求的是创造各种知觉体验，这包括视觉、听觉、触觉、味觉与嗅觉带来的感官刺激。在产品体验中，关键的一个因素就是增加产品的感官体验。我们的眼睛、耳朵每天都在接收各种产品的感官信息，但很少有产品能够让人印象深刻并成为永久体验的产品。研究表明，鲜明的信息更加引人注目，响亮的声音、绚丽的色彩要比柔弱的声音、清淡的颜色更加鲜明。有效地增强感官刺激能使人们对体验更加难以忘怀，而且突出产品的某一个或多个感官特征，能够使产品更容易被感知，促进人与产品之间的互动和交流。利用视觉、触觉、听觉、嗅觉、味觉五种感官刺激能够使用户产生美的享受、兴奋和满足，激发用户的购买欲、增加产品价值以及便于区分同类产品。

（二）情感体验

产品的情感体验需要激发人们的内在感情，其目标是创造情感上的独特感受，如温和、柔情的感觉，或欢乐、激动的情绪。产品的情感体验设计需要了解一个产品是如何影响用户的情绪的，并且使用户融入这种情境中，从而获取全新的产品体验。

我们对于产品的认识可以通过感官来获取，但是它的内在却更能影响用户对产品的认知。生活中的产品，并不单纯地只是物质性的存在,它们可能是对往事的提醒,或者只是自我展示。情感是生活的一部分,它影响着人们如何感知、如何行为和如何思考。当我们认知、理解产品时,情感体验帮助我们对产品进行选择、评估。诺曼的关于体验的三个层面在实际运作中并没有明确的分界,因为真实产品提供一连串的情感,每个人去解释时,会有不同的感受,甚至是相反的感受。处于各个层面上的设计提供相应层面的情感,三个层面相互影响。

(三)行动体验

互动的体验更倾向于行动带来的体验,这需要在用户和产品之间形成创造性的交互作用,由参与引起的行动体验,通过增加用户参与其中,丰富产品用户的生活。在这个体验过程中,情感上的体验是改变一种生活形态或激发另一种生活形态这两种变化的源头。

从用户的角度来看,产品的参与性提供了一个使其参与设计的平台。它能让使用产品的用户对设计师的设计进行再设计或者达到设计师与用户共同设计的效果。用户是按照自己的意识去进行再创造产品的,其间必然会植入个人情感,充分调动起个人的生活经验,始终以个人的审美习惯为导向,还会凭借个人的审美趣味和标准以及自己的价值观去判断,因而创造出来的产品体现出强烈的个人色彩。产品提供给用户一个亲身参与的机会,也会带来行动的体验。在科学技术飞速发展的当代,所有的产品都趋向高智能、高效率,随着机器人的开发试制,在未来甚至最基本的生活行动都可能被机器取代。而在如此高信息化的时代,人们对于身体运动的概念变得强烈起来。在产品的使用上能很好地融入人的行动,调节现代人的生活,给人们带来一种全新的生活体验。

在产品设计阶段,让使用产品的用户参与到产品设计的实质性过程中来,使用户可以根据个人的喜好设定产品的色彩、材质、造型或结构等,这种参与造型设计的行动也是一种创造性的体验,在很大程度上体现了用户的个人创造力,更能使产品体现其个性的魅力。

（四）思考体验

由认知引发思考体验,体验活动不是只停留在行为活动的层面,它还包含不断进行的内心的反思活动。只有在实践活动中不断反思、总结、再反思、再总结,才能促进实践活动的顺利开展,也只有包含批判、反思、理解和建构的活动过程,才是体验的过程,没有思考的操作不是体验的操作,没有主动的有意识的参与,就不会有建构与创新。

（五）关联体验

关联体验包括以上提到的感官、情感、行动以及思考等层面的体验。关联的意义能够超越私人感情、人格和个性,将个人对理想、自我、他人或文化进行关联。在系统中的改善体验,让人和一个较广泛的社会系统产生关联,从而建立个人对某种产品的偏好,同时让使用该产品的人进而形成一个群体。举个例子,如果你想喝咖啡,有两家咖啡店互相挨着,咖啡的味道一样,价格一样,你会走进去哪家咖啡店消费呢? 理由是什么? 商家的目的,是卖出更多的咖啡,但对于消费者而言,购买咖啡本身的意义远不及整个咖啡店的整体系统体验来得有说服力。又如,对于一个生产沙发的企业,可能想的是如何赚更多的钱、开发新产品扩展市场等,但是用户想的是使用舒服、质量好的沙发,所以这就要求在产品设计过程中做出舒服、优质的沙发来服务用户。进一步了解用户后,发现本地公寓住户居多,年轻人多,用户希望使用小一点、可以自由搭配组合、时髦一点的沙发,这些用户的需求会成为设计新款沙发的输入点,而且在销售方式上也会灵活搭配沙发售卖,而不是使用传统的一整套沙发售卖的方式。然后还发现本地居民开小卡车的人少,大部分人开轿车,轿车是装不下沙发的,所以需要给用户提供优质的送货服务。最后发现本地用户喜欢上网,于是建立了一个网站,搜集用户对沙发的评价、意见,形成一个沙发粉丝论坛……这就是系统的设计思维过程,也是关联性体验的最终目的。

第三章　产品设计的表达基础

工业产品设计是一门综合性的学科,涉及的范围十分广泛,需要在设计时充分考虑各方面的内容,综合进行思考,将科学与艺术相结合。本章是产品设计的表达,从美学、视觉与细部三方面来进行论述。

第一节　产品设计的美学法则

人类关于美的认知经历了漫长的演变与进化,不同文化背景的人对美的界定存在着巨大的差异。

面对某一审美对象,人类为什么以及如何产生美的感受?完形心理学认为,人的心理与对象物的形式存在着异质同构的关系。面对残酷的自然环境,人类是通过寻求秩序、发现规律而生存下来的。找出事物内在的有联系的东西——规律,是人们用来认识自己与世界的基本方式。认识规律之前,首先认识的就是秩序。因为人的感官最先被吸引与理解的都是那些简单的、总是重复出现的东西。秩序感与规律性成为人类与生俱来的某种喜好或心理倾向。在审美活动中,人类是通过发现对象物形式当中的秩序感或某种规律性,从而引起具有力量的情感心理的。换言之,审美的过程就是发现规律与秩序,通过被激发的情感力量,形成共鸣与认同的过程。秩序引发力量,力量引起情感,情感激活共鸣。

一、统一与变化

统一与变化的规律是世界万物之理,日常生活中的一切客观事物或自然现象都符合变化中求统一,统一中存变化的规律。统一与变化是形式美基本法则的总法则,它最能反映出形式美法则的核心目的——秩序感。秩序,在大部分时候可以理解为整齐与统一,但秩序的意义更为丰富,它是一种有变化的统一。对于产品而言,统一且变化的秩序感意味着从整体上看是统一的,不论是形态、结构、工艺、材质还是色彩,但从每一个细节入手观察,又会发现更多细微的调整与变化。这里变化增加了统一的趣味性,同时也丰富了秩序的内涵。

统一是指由性质相同或者类似的形态要素并置在一起,产生一致的或者具有一致趋势的感觉。统一并不是只求形态的简单化,而是使各种多样的变化因素具有条理性和规律性。变化是指由性质相异的形态要素并置在一起所造成的显著差异的感觉。在完形心理学看来,统一的整体更容易被视知觉接受、理解并把握,而变化则能帮助大脑形成丰富多样的深刻印象。

变化与统一是造型设计中的一对矛盾体,变化是寻求差异,而统一是寻找其内在联系。它们既是美学法则中一个重要的方面,又是最高的形式美学法则,在优秀的产品造型与形态设计中往往得到极佳的体现。

成功的产品造型与形态设计总是将构成其内外造型元素组织得简洁而有序,使各元素都富有变化,而又融于统一。对产品造型与形态来讲,变化是寻求产品中各种元素之间的差异性,包括点、线、面、体、色彩、空间、质感、肌理以及方向等任何元素的变化。而统一是在寻找它们中间的稳定因素,以此营造和谐的美感与秩序感。产品设计形态要富有变化,但过于多样的变化,会显得杂乱无章、涣散无序、缺乏和谐;而仅仅有统一没有变化,则会使产品形态单调、死板、乏味,缺少丰富性,更会失去长久的生命

力。因此,在产品造型与形态设计中,变化与统一要相结合,互相
"约束"与"限制",才会创造出丰富多彩又和谐的美感。

统一与变化的形式美法则,常见于同一品牌的不同产品系列
当中,以及功能相似、形态相异的产品系统里。美国苹果公司的
产品在其品牌风格的设计中表现出了最为典型的、教科书般的延
续性——寓统一于变化中(图 3-1)。

iPhone   iPod   iMac   Mac Pro   Mac Book   iPad   Apple Watch

图 3-1　苹果公司系列产品

二、对比与协调

对比是事物之间差异性的表现和不同性质之间的对照。通
过不同的形态、质地、色彩、明暗、肌理、尺寸、虚实甚至包括结构
与工艺的差异化处理,都能使产品造型产生令人印象深刻的效
果,成为整体造型中的视觉焦点。适宜的对比方式能使事物整体
产生一致感与统一感。从心理学角度来看,差异容易形成强烈的
感官刺激,使想象力延伸并形成情感张力,容易使用户注意力集
中,形成趣味中心。对比的形式主要有并置对比和间隔对比,前
者集中,节奏感更明显;后者间隔,装饰意味更浓烈。

Car Tools 积木是由设计师 FIoris Hovers 以车辆为灵感而设
计出来的,设计师虽然采用了对比强烈的颜色,但是该积木的形
状仍然让人们联想到以往熟悉的经典积木形状,从而产生情感
认同(图 3-2)。设计师赋予积木更多的想象空间和个性化余地。
通过移动或翻转改变这些积木,新的组合和图像就会出现。

对比是产品造型设计中用来突出差异与强调特点的重要手
段。对比不是目的,产品形态的整体协调才是设计者希望实现的
最终效果。设计者在运用对比手法强调形态的视觉焦点时要注

意把握好度,以整体协调作为衡量的标准,注意防止过犹不及。古语中的"刚柔并济""动静相宜""虚实互补"等,都是说明对比与协调的相互关系的。设计者在大胆尝试对比使用各种不同性质的形式要素时,要注意产品整体的协调感。

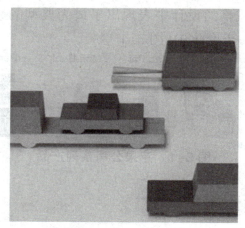

图 3-2　Car Tools 积木

三、节奏与韵律

节奏与韵律最初都是音乐和诗歌领域的概念。节奏是指音乐中音响节拍轻重缓急有规律的变化和重复,韵律是在节奏的基础上赋予一定的情感色彩。前者着重运动过程中的形态变化,后者是神韵变化给人以情趣和精神上的满足。相对来说,节奏是单调的重复,韵律是富于变化的节奏,是节奏中注入个性化的变异形成的丰富而有趣味的反复与交替,它能增强艺术的感染力,开拓艺术的表现力。

节奏是事物在运动中形成的周期性连续过程,它是一种有规律的重复,很容易产生秩序感,因此对于一般受众而言,有节奏的图案或造型都会被认为是美的(图 3-3、图 3-4)。节奏感的强弱通过重复的频率和单元要素的种类与形式来决定。频率越频繁,单元要素越单一,越容易产生强烈的节奏感,但这种单调而生硬的节奏感也容易造成审美疲劳。所以,设计者应灵活控制节奏感的强弱程度,要善于利用多种类型的相似元素来形成节奏感。

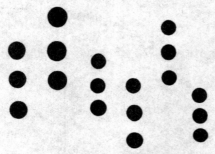

图 3-3　点的有规则节奏

图 3-4　线的无规则节奏

在造型活动中,韵律表现为运动形式的节奏感,表现为渐进、回旋、放射、轴对称等多种形式。韵律能够展现出形态在人的视觉心理以及情感力场中的运动轨迹,在观者的脑海中留下深刻的回忆。

图 3-5 的墙面设计为采用重复的手法,造型上,既简洁又富有变化,既有节奏又有韵律,既单纯又有趣。再加上旁边鲜花的点缀与墙面图案的映衬,变得更富有趣味。

节奏与韵律是产品设计中创造简洁不简单形态的最直接原则。正如前文所说,节奏与韵律在音乐领域的表达最为生动,因此在被运用到音箱造型设计中时,会起到事半功倍的效果。B & O 音箱外部采用压孔处理的金属板(图 3-6),这些已经申请了专利的圆形、菱形格形成的金属栅格效果,呈现出趣味性的、光感十足的视觉肌理,节奏与韵律以如此生动的形式呈现出来,配合银、黑、白的色彩,显得时尚而优雅。

图 3-5　墙面设计

图 3-6　B&O 的 BeoLab 50 音箱

四、对称与均衡

对称反映了事物的结构性原理,从自然界到人造事物都存在某种对称关系。形态的对称,指的是以物体垂直或水平中心线(或点)为轴,其上下、左右或中心互相映射。形态的对称,可以分为绝对对称与相对对称。前者讲究的是对称的两个部分在形态上完全一致;后者则不同,允许形态上略有差别,但总体感觉还是相同的。对称的形态,具有规律性、秩序感,容易产生简单的节奏与韵律美,因而常用于产品造型中。自然物的对称现象最为明显,大部分都是以相对对称形式出现的,比如蝴蝶的翅膀、动物的脸部(图 3-7)、植物的叶子等。

图 3-7　蝴蝶、大熊猫的对称现象

在人造物中,大部分装饰图案或风格都或多或少地采用了对称形式法则,如中国古代青铜器上的饕餮纹(图 3-8)、青花瓷器上常出现的回纹、莲瓣纹等。同时,在日常生活中,对称的形式是产品形态中出现得最多的一种。

图 3-8　青铜器的饕餮纹

均衡是两个以上要素之间的和谐关系或均势状态,也可称为平衡。这种均衡的感觉不一定非要是形态的完全对称,也可以是大小、轻重、明暗、远近、质地等之间构成的相对关系所造就的。均衡,更多的是人们对于形态诸要素之间的关系产生的感觉。形态的虚实、整体与局部、表面质感好坏、体量大小等对比关系,处理得好就能产生均衡的心理感受。对比只是手段,能否产生均衡的心理感受,才是判断形态好坏的标准。

均衡既可以来自质与量的平均分布,也可以通过灵活调整质与量的关系来实现动态的均衡。前者的均衡更为严谨、条理,理性感突出;后者在实际造型设计中使用得更为频繁,也更容易产生活泼、灵动、轻松的感觉。

五、比例与尺度

比例是指数量之间的对比关系,或指一种事物在整体中所占的分量,用于反映总体的构成或者结构。两种相关联的量,一种量变化,另一种量也随着变化。艺术中提到的比例通常指物体之间形的大小、宽窄、高低的关系。尺度是指质量与数量的统一:一指物品自身的尺度要求(物的尺度),二指物品与人之间比例关系(人的尺度)。自然现象的发生都有其固有的尺度范围。

比例构成了组成事物的要素之间以及要素与整体之间的数量比例关系。在数学中,比例指的是两个比值的对等关系,比如 A∶B=C∶D。对产品形态而言,比例指的是自身各个部分之间的比例。形式美法则中最著名的就是黄金分割比,是由古希腊数学家、哲学家毕达哥拉斯首先发现,其后由欧几里得提出黄金分割律的几何作图法。

达·芬奇认为人体可以形成极为对称的几何图形,如脸部可构成正方形,叉开的腿构成等边三角形,而伸展的四肢形成的图形更是希腊人所公认的最完美的几何图形——圆。达·芬奇亲手绘制的《维特鲁威人》是比例最精准的人性蓝本,画中的男性被公认为是世界上最美的人体比例,被冠以"完美比例"之称。没有人比达·芬奇更了解人体的精妙结构,他是宣称人体结构比例完全符合黄金分割率的第一人,随后哲学家、数学家、艺术家分别从不同的领域、视角对相关的人体比例关系进行了深入的探析。近代的美学之父亚历山大·哥特利市·鲍姆嘉通再次强调了秩序的完整性和完美性的思想,鲍姆嘉通对秩序美的肯定不仅使他的美学观点得到进一步推进,同时也对现代实践美学的构建起到了一定的启示作用。

西方优秀的古典建筑设计都表现出简洁的比例关系,柯布西耶继承了这个传统,在著名的《模度》一书中,阐述了他对比例观念的理解与强调。他提出基本比例关系有三,分为固有比例、相对比例及整体比例。固有比例是指一个形体内在的各种比例,如长、宽、高的比例;相对比例是指一个形体和另外一个形体之间的比例;整体比例是指在整体空间中,组合形体的特征或整体轮廓的比例。在设计中应该尽量使每个视角看起来都要充满比例的美感,不要乏味。例如,从水平和垂直方向观察。要注意三种比例间之间的关系,使它们之间达到和谐的状态。

所谓尺度,是指产品形态与人在使用及其感受之间的相对关系。一般而言,产品的尺度受到人体尺寸、形体特点、动作规律、心理特征、使用需求等各个方面的制约。

比例和尺度的关系密切。尺度是单位测量的数值概念,规定形体在空间中所占的比例。人们感觉到某物体巨大,这是指在规定的空间中它占去了大部分空间。一个物体如果超过规定的体量,会将其他物体的空间挤压,使各个元素在空间中失衡。立体空间构成在整体体量上的大小和各元素的尺度也需要考虑。构成体的体量与材料的运用是有联系的。在体量的规定下,材料规格上的考虑也有着重要的意义。

著名的人机工程学座椅设计品牌 Herman Miller 设计的Embody 座椅(图 3-9),它符合人体尺度的形态,符合人机工程学的适用性原理。总体来说,优秀的设计都同时符合美的比例及合理的尺度。

椅子的形态不论如何多样化,它各个部分的尺寸、比例都应该遵循用户的人体尺寸来确定,这种符合的关系称之为尺度。尺度,反映了产品与用户之间的协调关系,涉及人的生理与心理、物理与情感等多方面的适应性。

图 3-9　Embody 座椅

六、稳定与轻巧

　　稳定既是一种状态,也是一种感觉。设计中的稳定是指物体在视觉上处于一种安全持续的状态。物体是否稳定,主要取决于形状和重心的位置。形状是决定物体是否稳定的基础,重心的位置关系到物体受到一定大小的外力作用时是否倾覆。稳定感强的设计作品给人以安定的美。形态中的稳定大致可分为两种:一种是物体在客观物理上的稳定,一般而言重心越低、越靠近支撑面的中心部分,形态越稳定;另一种是指物体形态的视觉特点给观者的心理感受——稳定感。前一种属于实际稳定,是每一件产品必须在结构上实现的基本工程性能;后一种属于视觉稳定,产品造型的量感要符合用户的审美需求。

　　形态首先要实现平衡才能实现稳定。所有的三原形体——构成所有立体形态的基础形态,即正方体、正三角锥体和球体——都具有很好的稳定性。这三种立体的形态最为完整,重心位于立体形态的正中间,因此最为稳定。影响形态稳定性质的因素主要包括重心高度、接触面面积等。一般来说,重心越低,给人的感觉越稳重、踏实、敦厚;重心越高,越体现出轻盈、动感、活泼的感觉。在图 3-10 中,沙发给人的视觉感觉一般比较稳重,为了调整这种稳定感,可以适当减少接触面面积,比如增加了四个脚座的沙发,就比红唇沙发看上去要轻巧了一些,因为它不仅减少了接触面面积,还提高了沙发整体的重心。

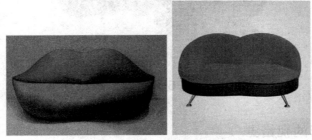

图 3-10　稳定与轻巧的沙发造型

轻巧是指形态在实现稳定的基础上,还要兼顾自由、运动、灵活等形式感,不能一味地强调稳定,而使形态显得呆板。实现轻巧感的具体方式包括适当提高重心、缩小底面面积、变实心为中空、运用曲线与曲面、提高色彩明度、改善材料、多用线形造型、利用装饰带提亮等。设计师要根据产品的属性,灵活掌握稳定与轻巧两者的关系:太稳定的造型过于呆板笨重,过于轻巧的造型又会显得轻浮、没有质感。在产品造型设计中,设计师要善于利用统一与变化、对比与协调、节奏与韵律、对称与均衡、比例与尺度等形式美法则,在满足稳定的基本条件之上融合轻巧的形式感,打造出富有美感的整体形态。

获得 2012 年日本好设计大奖的日本尼康(Nikon)35 毫米单镜头反光相机就是为稳重与轻巧相结合的设计(图 3-11)。相机属于高技术产品,科技含量高、经济价值较大,因此用户对这类产品形态的心理预期是稳定、大气和高档。这款相机的机身采用黑色与金色搭配,主体为黑色,黑色是稳重度最大的颜色,这样的配色显得质量可靠、做工精良。为了调和主体的稳定感,设计师在机身正面的侧方增加了一条醒目的红色细线条,既提示了手握方式,也在视觉上给相机增加了亮点,轻巧灵动。

图 3-11　尼康 35 毫米单镜头反光相机

七、形的视错觉

各种形态要素及形态要素间的编排、组合的关系（如方向、位置、空间重心等），通过人双眼的观察会产生与实际不符或奇特的感觉，称为视错觉或错视。

产生错视的因素较多。如各种形、光、色的干扰，视觉接受刺激的先后，环境因素的影响、习惯，人的视觉差别与惰性，心理、生理的影响等。

（一）线段错视

由于线段的方向或附加物的影响，同样长度的线段会产生长短不等的错觉。

长度相等的横线和竖线，在感觉上，竖线比横线长一些。如图 3-12 所示中的垂直线比水平线看起来长一些，实际上它们是一样长的。这种横短竖长的感觉与它们之间的相对位置有关。

由于存在这种错觉，在产品的造型设计中应注意进行矫正，即若需两者视感等长，则需将竖线减短或将横线加长。

附加物对线段的长度感觉也产生一定的影响。图 3-13 中的 AB 与 AC 相等，但由于邻近线条的影响，造成 AC 比 AB 长的感觉。这是因为 AB 和 AC 分别成了小平行四边形和大平行四边形的对角线，这种面积大小不同的感觉导致了 AB 和 AC 不等长的错觉。

图 3-12 横短竖长的错视

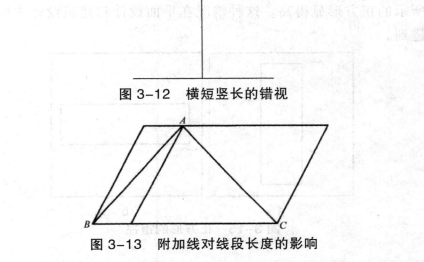

图 3-13 附加线对线段长度的影响

在图 3-14 所示各组图形中，a、b 两条线由于两端不同线型的影响，使两根同样长度的线段产生 a 比 b 长的错觉。这种错觉的产生是由于我们一面在观察图形，一面则在无意识地进行判断。

在看 a 时，把线段加上附加物的长度；在看 b 时，则把线段去掉附加物的长度，因而在心理上得出了错误的结论。

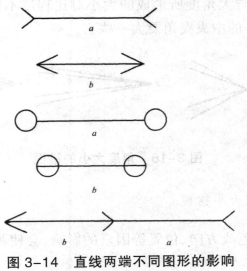

图 3-14 直线两端不同图形的影响

图 3-15 所示是两个相等的正方形内分别设计了不同方向的相同的长方形,结果是图 3-15b 所示的正方形显得扁,而图 3-15a 所示的正方形显得高。这种情况在平面设计和建筑设计中经常碰到。

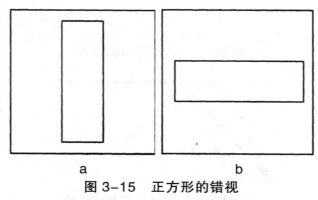

图 3-15　正方形的错视

（二）角度大小错视

造型设计中,由于角度大小对比会产生相同角度而有不同大小的感觉。如图 3-16a 中的 A 角与 B 角大小一样,但由于 A 角中包含一个较小的角,而 B 角中则包含着一个较大的角,因此,造成了 A 角比 B 角大的错觉。图 3-16 b 中的 A、B 中央夹角大小相等,但由于与大角度所形成的大小对比程度不同,而显得 A 的中央夹角比 B 的中央夹角要大一些。

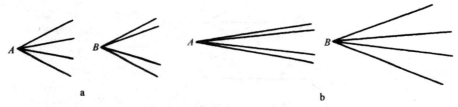

图 3-16　角度大小的错视

（三）面积大小错视

由于形、色或方向、位置等因素的影响,会使相同面积的形产生大小不等的感觉。这种错觉在设计实践中具有很大的意义,必须根据不同的情况,或加以利用,或加以矫正。

1. 明度影响面积大小

图 3-17 所示为两个同样大小的正方形。背景为黑色的白正方形因具有较多的反射光量,由于光渗作用而呈现扩张感,因此在视觉上比黑色的正方形感觉大。这说明,凡面积相同的物体,明度越高,越觉得大;明度越低,越显得小。

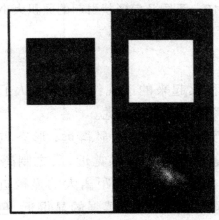

图 3-17　图形明度对面积大小的影响

2. 附加线影响面积大小

图 3-18 中的两个圆是等面积的,但由于上下两根相交的附加线的干扰,靠近角端的圆看起来比另一个圆的面积要大。

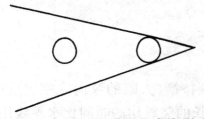

图 3-18　附加线对面积大小影响

3. 方向位置影响面积大小

图 3-19 所示为五个图形面积相等而形状、方向不同的几何

图形。给人的感觉是：三角形面积最大，圆形面积最小。这种错觉在造型设计和建筑设计中很有意义：如使用相同的材料，采用三角形设计可得到较大的面积感觉。

图 3-19　不同几何形状引起的面积大小错视

（四）透视错觉

日常生活中积累起来的透视经验，会使人们对形态、色彩等产生各种空间错觉，这叫透视错觉。

大的形态感到近，小的形态显得远；形态重叠时，被掩盖的形态显得远；形象清楚的形态感觉近，反之则感到远；具有相同特征的形态排列在一起时，间隔距离大的显得近，而间隔距离小的则显得远；色彩纯度高、刺激感强的显得近，色相纯度低、较灰的色则显得远；形态所处的位置不同，也会产生空间感。处于左下角的觉得近，而在右上角的则显得远。

在产品造型和家具设计中，要注意透视错觉。如控制台、桌脚往往低于人的视线，因此与地面垂直的桌脚往往在桌脚的最末点有内收的感觉。为了消除这种内收的不舒适感，必须有意识地将桌腿往外倾斜一点。

（五）高低错视

由于人的生理特征，人眼的纵向观察速度慢，而横向观察速度快，所以观察等长的竖线用的时间比水平线用的时间长。因此，当人们观察形体时，就会产生高低错觉，即把相同长短的尺寸往往看成竖向的长，而横向的短。这种现象在大尺度的建筑物和大设备上特别明显。根据经验，在小尺度的情况下，正方形的高宽比不是相同的感觉,而是高宽间约为 15:14 的感觉。

在高低错视中,还有一个经验现象就是人的视觉中心往往高于实际中心(图 3-20)。

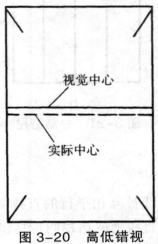

视觉中心

实际中心

图 3-20 高低错视

高低错觉在造型设计、建筑设计和包装装潢设计中相当重要。在某一形体内要确定视觉中心点(或中心线),目前尚无数学或几何求解的方法,而只能依靠视觉的判断来决定。

(六)分割错视

相同几何形状的形体,通过不同方向的分割,会产生形状和尺寸变化的错视。

图 3-21 所示是三个大小相同的正方形,通过它们的不同分割比较可说明不同的视觉效果。图 3-21a 由于没有分割而不呈现方向感。图 3-21b 由于平行竖线的分割而使正方形产生垂直方向拉长的感觉,这是因为竖线分割后,视线上下扩张产生了这种感觉。图 3-21c 由于平行横线的分割而呈扁平的感觉,这是因为横向分割造成视线向两侧扩张的结果。

产品造型设计,经常运用这种分割错视来加强造型效果。利用垂直线的分割,使矩形增加了高度感;利用水平线的分割,使矩形增加了宽度感。冰箱设计就运用了水平方向的分割,以产生比实际宽度要大一些的错视感觉。

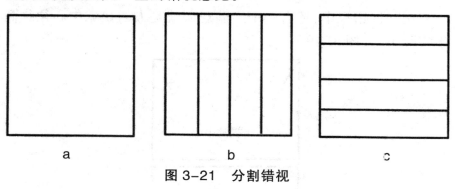

a　　　　　　　　　b　　　　　　　　　c

图 3-21　分割错视

（七）位移错视

当一条倾斜的直线被互相平行的直线截成两段时,所产生的两线段似乎不在一条直线上的错视叫位移错视。

图3-22中的倾斜线AD被两平行直线截成AB与CD两段后,看起来,AB与CD似乎不在一直线上,在感觉上,CD应移至$C_1$$D_1$的位置才能与AB共线。

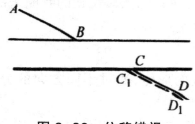

图 3-22　位移错视

（八）对比错视

当图形形状相同、色彩相同而大小、长短、高矮、深浅存在着较大的差异时,人们因对比强烈而产生的错觉称对比错视。

图 3-23 两组图形中心的圆是一样大小的,但由于周围圆的大小不同,对比结果就感觉右边的圆大一些,而左边的圆小一些。

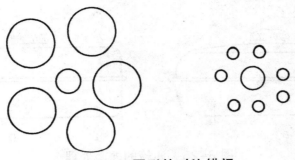

图 3-23　圆形的对比错视

（九）图形变形错视

其他线型以不同方向干扰某一线型时,该线型所产生的歪曲感觉称为变形错视。

图 3-24 两图例中的两组平行线,分别被顶点位置不同的放射线所分割,使平行线产生弯曲的感觉。

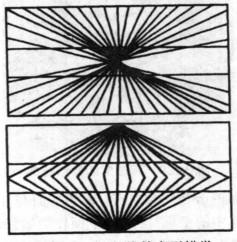

图 3-24　平行线的变形错觉

在产品设计中为了使造型的立体感饱满,就有必要将直线或平面事先处理成凸面。图 3-25 是柴油机的燃油箱,如果制成图 3-25b 所示的形状,燃油箱盖的圆顶是平的,燃油箱侧壁和顶部也是平的,燃油箱盖就有下凹的感觉,燃油箱也显得呆板、单薄。而图 3-25a 所示的油箱做了外凸处理,燃油箱就显得丰满,机械强度也增大了。

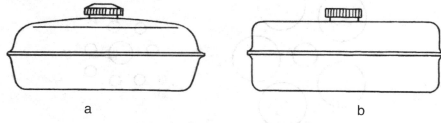

a   b

图 3-25　油箱的外凸处理

图 3-26 为汽车驾驶室,看起来各个面似乎是平的,实际上,其顶部、侧门、风窗玻璃都做了弧形外凸处理。同理,电视机、厨房电器等外形设计也必须考虑到这一点,使产品形态饱满,具有生气。

图 3-26　驾驶室的外凸处理

我们由上面的分析可以知道,感觉平面与几何平面是不同的。要获得视觉中的平面,必须把平面作微微外凸的加工,过渡的圆角半径不能太小,这样就有饱满、浑厚的感觉。相反,要使产品造型有坚硬、挺直、轻盈的感觉,几何平面过渡圆角的半径就要尽量小些。

（十）错视立体感

在平面上反映的立体感,是把立体造型用透视图的形式画到平面上,但此时要注意到人们面对的实际是二维的平面,因此这种立体感觉可以只要求成立而不要求存在,就是说可以假设。当平面中的一个形假设从各个角度去看,或者随意从形体曲面上的一根线出发,加减视平线、消失点的数量和位置,就会发现矛盾的画面。但这种矛盾的各个局部又是可以单独成立的。这样就会形成许多反转性图例造成错觉(图 3-27)。

　　这种矛盾画面所造成的错觉,丰富了平面图形所表达的内容,使人们在观察产品时会产生上述的一些错视效果,但也克服了产品的单调性。

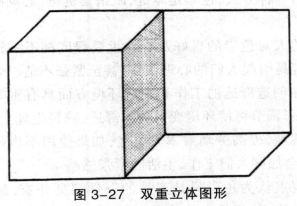

图 3-27　双重立体图形

第二节　产品设计的视觉效果

一、色彩设计

　　美国流行色彩研究中心的一项调查表明,人们在挑选商品的时候存在一个"7 秒钟定律":面对琳琅满目的商品,人们只需 7 秒钟就可以确定对这些商品是否感兴趣。如果企业对商品的视觉设计敷衍了事,失去的不仅仅是一份关注,更将失去一次商机。而在这短短 7 秒内,色彩的因素占 67%,并成为决定人们对商品好恶的重要因素。这就是 20 世纪 80 年代出现的"色彩营销"的理论依据。

　　成功的色彩定位可以使得产品形象收到事半功倍的效果,它可谓一项相对投入小而收效大的设计投资,从而受到商家的特别青睐。并在工业设计的实务领域中分化出相对独立的产品色彩设计服务。

　　(一)色彩设计的作用

　　俄国抽象表现主义大师康定斯基认为:"颜色是直接对心灵产生影响的一种方式,色彩是琴键,眼睛是键锤,心灵则是多位的钢琴。"

　　不同的人对色彩的喜好及心理承受程度都不一样。通常鲜艳的颜色容易引起人们的心理亢奋,甚至紧张不适。合理的产品色彩设计在创造舒适的工作和生活环境方面具有重要意义。比如,通过色彩调节可使环境变得更加舒适,减轻生理上的疲劳,增强工作的情趣,提高劳动效率。反之,如果使用不当就成为一种视觉污染,会加剧人们工作、生活的紧张感。

　　有些观点认为色彩只是产品的一件漂亮外衣,是形态的附属。其实不然,色彩具有其他语言和文字无法替代的效果,它甚至能够超越各年龄层和各文化间的障碍。有研究表明,色彩为产品的信息传递增加了4%的受众,改善人们理解力的幅度达到75%。设计师合理应用富有个性魅力的色彩,不仅可以使产品脱颖而出,成为关注的焦点,而且能够更迅速、更有效地向人们传递产品的信息。

　　与产品的色彩相比,对于功能和形状,人们的知觉行为往往更趋于理性接受,而色彩的选择则出于本能与直觉,多是感性的。所以同一形态的产品可能由于色彩因素产生完全不同的感觉。可能因此带来产品畅销与滞销的天壤之别。任何产品为了推销,必须吸引消费者的注意,在这个层面上,色彩起着比外形更强、更直接、更快速的作用。因此,和谐的色彩设计有利于增强工业产品在市场上的竞争力。

（二）色彩设计的方法

通过不同的色彩设计可以直接地影响观察者的视觉感受。运用色彩可以实现形态的表面分割，产生视觉的中心，甚至改变不能令人满意的比例关系等。其作用可以归纳为以下几点。

1. 色彩的横向设计和纵向设计

产品造型中的各个局部可以通过使用恰当的色彩在视觉上实现互相分割或相互关联，使产品在视觉上达到统一中有变化。也可以通过色彩的统一设计使不同产品达到系列化统一。这种处理方法可以分为两类：一类是将同一产品进行不同色彩的分割设计，以期产生多样化，丰富产品形式的方法，这叫色彩（质感）的纵向设计。另一类是对不同的产品采用同类色彩（或套色），使产品达到家族化和系列化，此类方法又叫色彩（质感）的横向设计，色彩横向设计在轻工日化产品和食品包装领域应用非常频繁（图3-28），并且可以利用已经树立了良好社会影响和想象的优质产品带动新开发的产品快速进入市场成长旺期，但若新产品质量没有达到消费者的预期，反而会对原有良好品牌形象有损伤。在制造业领域同一制造商将自己的系列化产品使用统一的色彩套色方案也很普遍（图3-29），这就是产品形象设计（PI），它可以将自己的制造品质、精神理念通过抽象色彩设计传达给外界。产品的色彩设计不是简单的颜色心理感觉设计，需要通过复杂的表面涂饰工程实现，它受油漆、色粉的物理化学属性及喷涂工艺等制约。

图 3-28　色彩横向设计

图 3-29　系列化产品的统一色彩

2. 实现视觉比例的调整

在产品的结构受到限制无法改变时,可以通过将其表面分隔出不同的色块来实现产品视觉比例的加强、减弱或改变等调整。

3. 突出产品造型中的重点

例如在产品的重要部分或者运动部件上,涂上纯度极高的色彩,可与产品的其他部分产生强烈的对比,同时也起到了突出重点或警示的作用。

4. 恰当表现产品的重量感

在产品的色彩设计中可以通过不同的色彩所产生的不同的轻重感来恰当地反映产品的属性。例如。一些大型产品使用浅色来避免其过大形体所产生的笨重感。一些小型产品的底部会运用深色来加强其的稳固、稳重的感觉。

评价产品外观的优劣,关键要看其整体性。整体感强的产品在色彩定位上主要解决的是产品的色调问题。产品的色调也称基调,是指支配整个产品的主题色感。不管产品色彩数目多少,它们总有一定的内在联系,使之呈现出统一的整体色调。当一组色彩匹配时,其中单个色的色彩力量会被其他色所均衡,最终整体色彩组合后的色调所营造出来的色感或明快、或沉静、或喧闹、或舒缓。

色调的种类很多,按色性分,有冷调、暖调;按色相分,有红调、绿调、蓝调等;按明度分,有高调、中调和低调。不同的色调由于使人产生不同的心理感受而具有不同的功能。因此,在产品色调设计时必须满足下列基本要求。

（1）满足产品的物质功能要求

各种产品都有各自的功能特点。产品的色调设计必须首先考虑与产品物质功能要求的统一,使使用者加深对产品物质功能的理解,这样有利于产品物质功能的进一步发挥。例如,儿童玩具要符合儿童的审美心理与生理需要,多用五彩缤纷的高明度、高纯度的色彩;办公用品多突出整洁、冷静、理性的特性,一般选择暗色调或灰色调,较少用刺激、明快的纯色(图 3-30)。消防设备的红色基调(图 3-31),医疗器械的乳白色、暗灰色基调,军用车辆的草灰色基调等都是基于产品的物质功能选择色彩的。

图 3-30　办公室色彩以暗色调为主

图 3-31　红色的消防设备

（2）人机工程学的要求

不同的色调使人产生不同的心理感受。适当的色调设计使人产生舒适、愉快和振作的感受,从而形成有利于使用者的工作情绪;不适当的色调设计会使人产生疑惑不解、沉闷的感受。因此,如果色调设计能充分体现出人机间的和谐关系,就能提高使用时的工作效率,减少差错事故并有利于使用者的身心健康。如机床的底座采用灰色调,给操作者以稳定的感觉。红色是强烈的刺激色。多用于提示危险的标志、火警、消防栓等;黄色是醒目色,通常用作警示,在电动工具的设计上比较常见;蓝色具有平静、凉爽的特点,在工业中用作管理设备上的标志;相对柔和的绿色,对人的心理很少有刺激作用,不易产生视觉疲劳,给人以安全感,在产品设计中多用作安全色。

（3）色彩的时代感要求

在不同的时代,人们对于色彩的要求也不一样,产品的色调设计如果能考虑到流行色的因素,就能满足人们追求时尚的心理需求。如今全球化使国际消费文化、时尚文化交流日益频繁,流行艺术文化在改变各地消费者的美学观念和消费观念的同时,设计师也应极力适应或跟随流行色的变化趋势。

除此之外,产品色调的设计还会受到诸如民族、地域、企业文化等其他因素的影响,当设计任务涉及此类因素时,设计师应对相关色彩喜好、禁忌等文化语义符号特征加以重视。

（三）产品色彩的影响

1. 产品色彩的冷暖感

色彩本身没有冷暖的性质,但由于人从自然现象中得到的启迪和联想,便对色彩产生了"冷"与"暖"的感觉。如当看到红、橙、黄色时,人们就会联想到烧红的火焰,产生燥热的感觉,因此称红、橙、黄色调为暖色调(图3-32)。而看到青、绿、蓝色时,人们就会联想到青山、绿水、大海,产生凉爽的感觉,所以称青、绿、蓝色调为冷色调（图3-33）。冷色与暖色是依据心理错觉对色彩的物理性分类。对于颜色的物理性印象,大致由冷暖两个色系产生。波长长的红色光、橙色光、黄色光,本身有暖和感,所以光照射到任何物体都会有暖和感;相反,波长短的紫色光、蓝色光、绿色光,有寒冷的感觉。夏日我们关掉室内的白炽灯,打开日光灯,就会有一种变凉爽的感觉。在冷食或冷饮料包装上使用冷色,视觉上会让人对这些食物产生冰冷的感觉,因此像冰箱、空调等产品要使用冷色调色彩;烤箱、微波炉（图3-34）等产品要用暖色调色彩。

图 3-32　暖色调的室内装饰

图 3-33　冷色调的沙发

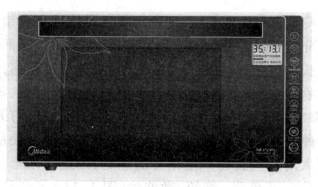

图 3-34　暖色的微波炉

2.产品色彩的距离感

色彩具有距离感,一般颜色的明度不同,因此产生的距离感也不同。不同色调在不同背景色的对比作用下,可以使人对色调的感觉产生距离上的差异。

通常来讲,暖色调使人感到物体膨胀并拉近与物体之间的距离,即对象物被拉近自己,有前进感,因此暖色调被称为前进色。暖色调还有前凸感、空间紧凑感。一般产品设计中,凸出的部件可以考虑用暖色调。冷色调使人感到对象被推出去了,有距离增加感和后退感,因此冷色被称为后退色。此外冷色调还有后凹感、体积收缩感、空间宽敞感等。有的产品需要体现小巧轻便的特点,可以考虑使用冷色调。明度也会改变远近感,在色调相同的条件下,明度高时会产生拉近感,明度低时会产生疏远感,因此可以利用色彩调节改变人们对产品或空间视觉的主观感觉。

3.产品色彩的轻重感

色彩还具有令人惊讶的特性之一是它有"重量"。国际色彩专家早在多年前就发现色彩有"重量",并经过多种复杂的试验得出结论,各种颜色在人的大脑中都代表一定的"重量"。

颜色按"重量"从大到小排列成如下顺序:红、蓝、绿、橙、黄、白。颜色不仅有"重量",还具有味道感,暖色调的近感,使物体看起来好像密度小,重量轻;相反,冷色调的物体使人感觉要比实际重量重些。在色调相同的条件下,明度高的物体显得轻些,明度低的物体则显得重些。若明度、色调相同时,饱和度高的物体给人感觉轻些,饱和度低的物体则给人感觉重些。

民用客机多因载客量大而体积庞大,巨型的客机随着科学技术的发展而有较高的安全系数,但其外观上的笨重总给人不够轻巧、安全的感觉。因此设计师们巧妙地利用色彩搭配,很好地解决了这个问题,白色和银白色是看起来最轻的颜色,使人们可以联想到飞翔的海鸥、轻盈的云朵等,而且白色和银白色都能很好地反射阳光,抵御强光的侵蚀,依据这样的色彩特征,设计师们将飞机设计成白色或银白色,使巨大的机体瞬间轻盈起来,而飞机的起落架相对于巨大的机体则显得过于弱小,设计师们用厚重的黑色包裹它,让它显得坚硬而富有支撑力。通过这样的色彩设计,再大体积的飞机看起来都像灵巧的鸟儿般轻盈,让人能够放心乘坐(图 3-35)。

图 3-35 飞机的色彩设计

4. 产品色彩的情绪感

红、橙、黄等暖色调一般具有积极和振奋人心的心理作用,但也能引起人的不安感或神经紧张感;青、绿、蓝等冷色调一般具有使人镇定的心理作用,但面积过大又会给人以荒凉、冷漠的感觉。而这种主观感觉主要是由明度和饱和度的变化所带来的。如明亮而鲜艳的暖色调,给人以轻快活泼的感觉;深暗混浊的冷色调给人以沉闷、压抑的感觉。

设计师对产品的色彩设计做到醒目并不太困难,但要做到与众不同,又能体现出产品文化内涵才是设计过程中最为困难的。在产品设计中,色彩要做到视觉吸引力最强,因为产品使用的色彩,会使消费者产生联想,诱发各种情感,使购买心理发生变化。但使用色彩来激发人的情感时应遵循一定的规律,心理学研究认为,在设计与饮食相关的产品时,多与产品本身进行联系,例如面包机,选用橙色、橘红色等暖色可使人联想到丰收、成熟,从而引起顾客的食欲并促使其购买;再比如对一些取暖机的设计,可以选用暖色,使用者通过产品的色彩就能体会到产品的功效;而设计洗洁用品则选用冷色色调更加适宜;耳机是多彩的设计,因为音乐的世界是五彩缤纷的,鲜艳的耳机颜色让使用者有更好的心理感受(图 3-36)。

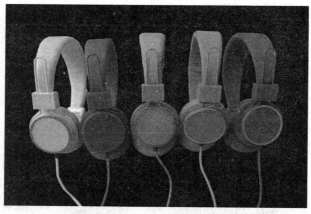

图 3-36　彩色耳机

二、质感设计

不同的设计材料不仅制约产品的结构、形状和大小,也使产品具有不同的外观质感、不同的装饰效果和不同的经济效益。在产品造型设计选材中,设计师不仅要考虑选用材料本身的性能特点、相应的工艺条件、成本及材料资源等,还要考虑材料对消费者的心理影响。

　　由于目前经济的快速发展和人们生活水平的提高。消费者对于产品的需求会从物质满足的层面提升到精神及心理满足的层面。并直接反映于产品形态所产生的各种意象上（图3-37）。因此在产品造型设计时确切地掌握消费者对产品形状、质感、风格、色彩等心理属性的认知,充分研究材料的感觉特性及其在产品设计中的应用已经成为当今产品设计的重要内容。

图3-37　质感设计改变人们对卫生间的印象

（一）质感

　　质感是人的感觉系统因生理刺激对材料做出的反映。或由人的知觉系统从材料表面特征得出的信息,是人对材料的生理和心理活动。它建立在生理基础上,是人通过感觉器官对材料产生的综合印象。质感是用来表示人对物体材质的生理和心理活动的。即物体表面由于内因和外因而形成的结构特征,是触觉和视觉所产生的综合印象。

　　材料的质感与产品的造型是紧密联系在一起的。工业产品造型设计的重要方面就是对一定的材料进行加工处理,最后成为既具有物质功能又具有精神功能的产品。质感设计虽不会改变造型的形体,但由于它具有较强的感染力,而使人们产生丰富的心理感受。这也是当今在建筑和工业产品中广泛应用装饰材料的原因。

由于人们感受产品的材料主要依靠触觉和视觉。因此质感可以分为触觉质感和视觉质感。

1. 材料的触觉质感

触觉质感是人们通过手或皮肤触及材料而感知的材料表面的特征，是人们感知和体验材料的主要感受。材料的触觉质感与材料表面组织构造的表现方式密切相关。不同材料的各种物理属性的综合作用使人产生不同的触觉感受。在进行产品设计时可以根据使用要求选择不同的触觉材质，图 3-38 的相机设计中，抓握部位采用凹凸感的皮革材质，这种材质对于相机设计来说不只是视觉上的对比关系，更重要的是一种触感功能。

图 3-38　皮质的触感更适合抓握

材料的触觉质感一般体现为人对材料的生理感受和心理感受。生理感受主要由人的温觉、压觉、痛觉、振动觉等组成。心理感受则根据材料表面特性对触觉的刺激性，分为舒适感和厌恶感。人们对精加工的金属表面、高级皮革、精美的陶瓷釉面、精致的针织品等易于接受，乐于接触，从而产生细腻、柔软、光洁、湿润、凉爽等舒适感；而对粗糙的砖墙、未干的油漆、锈蚀的金属器件、泥泞的路面等会产生粗、黏、涩、乱、脏等不快心理，造成反感甚至厌恶，从而影响人的审美心理（图 3-39）。

图 3-39　粗糙的路面

2.材料的视觉质感

材料的视觉质感是靠眼睛的视觉来感知的材料表面特征,是材料被视觉感受后经大脑综合处理产生的一种对材料表面特征的感觉和印象。材料对视觉器官的刺激因其表面特性的不同而产生视觉感受的差异。材料表面的色彩、光泽、肌理等会产生不同的视觉质感,从而形成材料的精细感、粗犷感、均匀感、工整感、光洁感、透明感、素雅感、华丽感和自然感等。

视觉质感是触觉质感的综合和补充。可以利用各种面饰工艺手段,以近乎乱真的视觉质感达到触觉质感的错觉。比如,在工程塑料上烫印铝箔呈现金属质感;在陶瓷上真空镀上一层金属;在纸上印制木纹、布纹、石纹等(图 3-40),在视觉中造成假象的触觉质感,这在产品造型设计中应用得较为普遍。

图 3-40　木纹墙纸

产品设计中,只有充分认识和了解材料的感觉特性,才能在设计中进行合理地运用。此外,由于材料感觉特性是人们对材料的综合印象,所以在设计中要根据产品特性对材料的视觉质感和触觉质感进行科学表达,从而带给人愉悦的生理和心理感受。

(二)质感设计方法

"人性化"是当代设计的准则,产品设计既要满足人们的物质需求,又要重视人们的精神需要。所以在产品设计中,材料感觉特性的应用要体现出对人们触觉、视觉等感官的满足,并由此引起情感上的愉悦。

材料感觉特性在产品设计中的应用,一方面要更加专注于挖掘材料固有的表现力,重视材料自然质感的表达,以满足当代人在高科技时代下返璞归真的追求;另一方面,要积极探求材料加工与面饰的新工艺,拓展材料人为质感的应用,丰富产品的质感表达,为人们的生活提供更丰富多彩的情感体验。

1. 自然质感的应用

自然质感是材料本身固有的质感,是材料的成分、物理化学特性和表面肌理等物面组织所显示的特性。不同的材料具有其独特的自然美感,呈现出不同的感觉特性,在产品设计中要合理应用材料原始的感觉特性,充分地表现材料的真实感和朴素、含蓄的天然感。

2. 人为质感的应用

人为质感是人有目的地对材料表面进行技术性和艺术性加工处理,使其具有材料自身非固有的表面特征。随着新材料的研发和表面处理技术的发展,材料的质感效果将会变得更加丰富多彩。所以要积极拓展材料人为质感的应用,以满足人们求新、求奇的心理需求。在工业产品设计中使得产品的质感在统一中有了变化,具有明显的装饰性。

三、材料的美学特征

材料与产品造型设计之间的关系是相互刺激、相互促进的。材料的使用与产品造型设计相呼应,而产品造型设计也促使着材料技术不断发展。设计会促进传统材料的开发,使之在现代生活中具有新的意义。材料在产品与产品功能相适应的同时,更要具有良好的质感和可加工性。

产品造型与形态要在材料的合理使用下更具有时代感,这就要求设计工作变得更科学、更合理。在产品电子化、集成化和小型化的发展趋势下,产品造型设计将会与材料开发建立一种更加紧密的关系。

对产品设计师来讲,在研发过程中无论是天然材料还是人造材料,不仅要关注材料的固有性能,还应该注意材料的形态、色彩以及空间构成中的组合表现。

设计材料的科学美不仅表现在物质形态和物理化学特性上,更要体现出理性与感性相互交融的美学意境,随着人类对大自然的不断探索,科学技术的飞速进步,造型材料类型变得越来越丰富,这些新颖的材料为设计师提供了丰富的资源,也对设计师提出了更高的要求,要求设计师要创造出符合时代步伐的经典设计作品,这就要求设计师必须在掌握现代设计观念和设计手段的前提下,尝试材料的新异性、感受材料的丰富性、把握材料的合理性,充分认识各种新材料的基本性能和感觉特性,不断加强探索与应用各种新材料,这也是产品造型设计师须必备的能力。

(一)材料的色彩

色彩可以使材料的质感再次升华。材料的色彩可以分为固有色彩与人为色彩。材料的固有色彩和人为色彩是产品造型中的重要因素。

固有色彩是指材料本身的色彩,例如,木材的本色、塑料的本色以及其他材料的本身色彩。在产品造型活动中,必须充分发挥材料固有色彩的美感属性,而不能削弱和影响材料色彩美感功能的发挥。材料的人为色彩是根据产品的装饰需要,对材料进行颜色处理,如染色、喷涂等技术,使产品表面产生丰富的色彩美。

（二）材料的肌理

肌理是天然材料自身的组织结构或人工材料通过人为组织设计而形成的一种表面材质效果。一般来讲,肌理与质感相接近,不同的材料具有不同的肌理。肌理也可以通过机械加工来获得,如对塑料材质进行染色,可以得到花纹效果;对金属材料进行拉丝处理,可以形成精细的纹路。任何材料表面都以其特定的肌理显示其表面特征,不同的肌理会对人的心理反应产生不同的影响:有的肌理粗犷、坚实、厚重、刚劲;有的肌理细腻、轻盈、柔和、通透。即使是同一类型材料,不同品种也会有微妙的肌理差异,如同样是木材,但是不同树种的木材却具有细肌、粗肌、直木理、角木理、波纹木理、螺旋木理、交替木理和不规则木理等千变万化的肌理特征。

1. 自然肌理

自然肌理是指材料自身所固有的肌理特征,它包含天然材料的自然肌理形态,如天然木材（图 3-41）、石材等;也包含人工材料的肌理形态,如钢铁、塑料、织物等。

图 3-41　天然木材

2. 人工肌理

人工肌理是指材料表面通过机器加工所形成的肌理特征。它是材料自身非固有的肌理形式,通常运用喷、涂、镀、贴等手段,形成一种新的表面肌理(图 3-42)。

图 3-42　涂料墙面

3. 视觉肌理

视觉肌理是指通过视觉感受到的肌理特征,如木材的自然纹路、金属拉丝的纹路都可以使人一目了然。

4. 触觉肌理

触觉肌理是指用手触摸而感受到的肌理,如麻绳的表面肌理(图 3-43)、石材的粗糙肌理、皮革的细腻纹理等。

图 3-43　麻绳触觉

（三）材料的光泽

色彩是材料对光线选择性吸收的结果,而光泽是材料表面方向性反射光线的结果。也就是说,材料越光滑,光泽度就越高,不同的光泽度也就使材料呈现出不同的明暗效果,也可以形成明暗虚实的对比。材料的光泽美感主要是通过视觉感受而获得心理、生理方面的反映,使人产生某种情感或某种联想,从而获得新的审美体验。

根据材料的受光特征可以将其分为透光材料和反光材料。透光材料受光后,直接投射,呈透明或者半透明状,形成轻盈、明快、开阔的视觉感受。反光材料因受光后,明暗对比强烈,高光反光明显,如抛光大理石表面、金属抛光面、塑料光洁面等,能给人以生动活泼的感觉。而表面粗糙的材料,受光后反光微弱,如木头、橡胶材料等,这些材料表现自身特性时,给人以质朴、柔和、安静、含蓄、平稳的感觉。

第三节　产品设计的细部处理

所谓的细部是一个与整体相对的概念,没有细部就不会有所谓的整体,绝对的整体与绝对的细部是不存在的,它们之间具有辩证统一的关系。细部是产品形态不可或缺的基本组成部分。细部设计是在产品整体设计的基础上有益的重要补充。作为赋予产品以形态、功能、使用方法等存在方式的产品造型设计是整个产品设计的决定因素与基础。

一、产品细部设计与产品造型设计

产品造型设计与产品细部设计的概念是相辅相成、辩证统一的。二者都以满足物质使用功能和精神品格要求为目的,都受到经济、技术条件的制约,设计时都要运用一定的造型规律、视知觉规律和形式美法则等。

只有整体设计却没有独特的细部设计,就像画龙而不点睛。在产品使用过程中,人的视线在平淡的对象身上无所适从,四处游走,给人以空洞、乏味的不良效果。只有细部设计而不重视整体设计,就像是建筑构件堆砌在一起,却还未建成优美建筑物一样,使设计变得凌乱不堪。在使用过程中,人的视线在纷繁的产品对象身上,过多的视觉刺激使人无法理出头绪,给人以繁杂、凌乱的感受。深入认识产品造型设计和细部设计的辨证统一关系,是进行产品细部设计的基础和前提条件。只有以产品造型设计和产品细部设计的辨证统一为准则,才能找准细部设计展开的方向,把握好细部设计的"度",避免因小失大,画蛇添足。

产品细部是构成产品造型的重要组成部分,细部设计是设计过程中必不可少的重要步骤之一,细部对塑造产品性格、完善产品本身的功能技术与文化价值具有极其重要作用。

细部设计使最初的设计构思趋于深化、完整,还可以体现出产品独特的身份、性格,是提升产品艺术感染力的重要手段。细部设计属于产品设计的后期完善阶段,是对产品外观设计方案的细化和深入。原则上来说,细部设计一般是在产品主体的初步创意方案确定后再进行的。但有时由于思维的跳跃性,细部设计又会与产品主体的设计交织在一起。

产品细部造型还可以表达以人为本的设计理念。追求产品的宜人性,设计者通过细部的实用功能与形式美感,表现出卓越的品质,不仅满足受众对基本功能的要求,又使受众在操作产品过程中产生愉悦感。

二、产品细部设计的内容

优秀的形态设计中,细部的深入设计是不可或缺的。它们在形态中起到画龙点睛的重要作用。如按钮、棱角、尾部、把手等的精细设计。

从视觉感受的客观角度来说,产品细部形态相对于整体形态而言,主要的差异仅仅表现为空间尺度的相对大小,所以在大多数情况下,对细部形态的设计所采用的方法与整体造型设计是相一致的,并且由于其功能等要求相对单一,从表面看来,其设计往往较整体造型设计简单一些。但事实并不一定如此,在实际的产品设计过程中,对细部形态的设计内容我们可以归纳为以下几点。

(一)针对造型的细部设计

细部设计的造型重点是从考虑与整体的对比与统一关系出发,根据整体形态的形式特点,运用逻辑构成、意象构成等形态设计方法,结合色彩与质感,反复推敲矫正。最终取得理想的造型效果。例如在产品散热孔的设计中,常常采用逻辑构成中点的构成形式,呈现出线化、面化等丰富、美观的视觉效果(图 3-44)。

图 3-44　散热孔的设计

(二)针对人机关系的细部设计

细部设计中涉及人机关系问题的部分,如按钮、把手、为开合而设置的缺口等,应根据其具体的人机关系要求,使之易于识别、操作方便高效,并结合造型关系,对形态进行进一步的调整,使之美观且宜人。例如在电话上的键盘分布,根据各个按钮在使用过程中的操作频率和主次关系来排列。还有但凡相机的取景器、快门和各种操作键的设计,对其个体形态、布局和与之有关的面板局部进行差异化设计,一方面解决了人机关系中的功能分区问题,另一方面又可避免误操作(图 3-45)。

图 3-45　单反相机的细部设计

(三)针对生产技术要求的细部设计

细部形态在产品生产中往往是容易出现质量缺陷问题的部分,所以在细部设计中,材料选择是否恰当、与当前的加工工艺实际是否适合等生产技术问题需要在设计中加以重视。否则,设计方案就很难实现其产品化,或者使生产成本大大提升,影响产品的市场竞争力。例如,在塑料制品设计中,为了避免应力集中的问题,需要注意形态不能出现尺度的大幅变化。

(四)针对产品语义要求的细部设计

细部形态因其相对于整体形态而言的精致感,容易使之成为产品形态中的视觉焦点。所以,一些重要的语义信息也往往选择在细部形态中加以表达。从细部形态表达语义信息,相对于整体形态而言,往往可以取得事半功倍的效果。例如,在牙刷把手的细部设计中通过材料表达操作面(图 3-46),在手表设计中加入宝石来表达奢华的情感语义等(图 3-47)。

图 3-46　牙刷把手

图 3-47　奢华设计的手表

　　但由于产品细部功能中的人机、语义等诸多要素的最终载体是细部的形态,所以在实际的细部形态的设计中,以上几点并不是逐一进行的,而往往需要综合在一起加以考虑,最终形成全面深入的完美细部设计。

第四章　工业产品创新设计思维

创新设计的本质是创新思维,可以说,它是人类思维中最亮丽的花朵,最理想的成果。如何在产品设计中找到创新设计的突破口并运用有效的方法进行设计,需要掌握一定的思维方法。

第一节　创造性思维的特点

一、思维方向的多向、求异性

创造性思维的特点,首先表现在人们司空见惯后,认为没有问题的地方能找到问题,并加以解决。创造性思维表现为选题、结论等方面的标新立异,表现为对异常现象、对细微末节之处的敏锐性。例如,哥白尼的最大成就在于以日心说否定了统治西方长达一千多年的地心说;伽利略推翻了亚里士多德"物体落下的速度和重量成正比"的权威学说,创立了科学的自由落体定律。

二、思维进程的突发、跨越性

创造性思维往往在时间、空间上产生突破、顿悟,正所谓"踏破铁鞋无觅处,得来全不费功夫""山穷水尽疑无路,柳暗花明又一村"。例如,门捷列夫就在快要上车去外地出差时,突然闪现了未来元素体系的思想。爱因斯坦在 1905 年连续发表 5 篇论文时年仅 26 岁,其中《光的量子概念》《布朗运动的理论》《狭义相对论》3 篇,令许多一流科学家都为之瞠目。由于其理论、思想超越了当时人们的认识，甚至被嘲讽为"疯子说疯话"。然而，正是这种突发、跨越的思维，才是创造性思维中真正的可贵之处。

三、思维效果的整体、综合性

思维效果的整体、综合性是创造性思维的根本。如果不在总体上抓住事物的规律、本质，预见事物的发展进程，重新建构就失去了意义。例如，卡尔·马克思首先分析商品社会里最基本、最常见、碰到过亿万次的关系——商品交换，阐明了其经济理论的主要基石——剩余价值理论，从总体上把握了现代社会发展的原因。

四、思维结构的广阔、灵活性

思维的灵活性，即为迅速、简单地从一类对象转移到另一类内容相隔很远的对象的能力，即变更性。这是一种思维结构灵活多变、思路及时转换的品质，常表现为思路开阔、妙思泉涌。例如，问到回形针有何用途，有些人往往只想到别纸张、文件，而具有灵活思维结构的人，就会从众多的角度去考虑，如可做成订书的钉、做成通针、代替牙签、作挂钩、拼图案等。

思维结构的灵活性还表现为能克服"思维功能固定症"，及时抛弃旧的思路，转向新的思路，及时放弃无效的方法而采用新方法。思维的结构，还表现为思维广阔的特征。例如，达·芬奇是画家、建筑师、数学家；郭沫若是历史学家、文学家、考古学家、书法家、诗人、剧作家、社会活动家；钱学森在力学、火箭技术、系统工程、思维科学、技术美学等广阔领域均有建树。

五、思维表达的新颖、流畅性

思维表达是对创新成果准确、有效、流畅的揭示和公开，并表达新概念、新设计、新模型、新图式等。这是完成创造思维的最后一环，也是重要的一环。没有这一点，再好的思维也不能转化为新的成果。物理学中的"力""光""原子""分子"等的定义、模型，政治经济学中的"商品"等，无一不是准确、有效、流畅地将成果作了最好的概括与总结。

第二节　产品创新设计的意义

一、对社会的意义

（一）产品创新设计能力就是竞争力

重视产品创新设计是各国、各企业已达成的共识。无论是发达国家还是后起的新兴工业化国家和地区，都把设计作为国家创新战略的重要组成部分，一些国家甚至将其上升到国策的高度来认识。分析日本和韩国的工业振兴历程，人们不难发现创新设计在其中所发挥的巨大贡献，可以说，正是对设计技术的高度重视和推广普及，为日本和韩国的工业产品赢得了广泛的声誉，促使他们的产品在世界市场上取得巨大成功。

随着我国制造业的转型，"中国制造"升级到"中国创造"的思潮不断升温发酵，我国的工业设计也从行业层面上升到国家战略层面。国家"十二五"规划纲要明确指出，要"加快发展研发设计业，促进工业设计从外观设计向高端综合设计服务转变"，这标志着我国工业设计进入了一个历史跨越时期，实现规模的扩张和质量的提升，为推动我国工业设计产业化创造了良好环境。

所有这一切都表明，工业设计在社会发展中的重要性已经得到广泛的认同，工业设计将成为制造业竞争力的源泉和核心动力之一，对推动社会进步起到更重要的作用。

（二）推动社会经济发展

人们常说科学技术是第一生产力，说科学技术是生产力就在于它能够推动社会经济的发展。产品创新设计作为艺术与技术相结合的产物，同样具备促进社会经济增长的价值。企业的生产，首先需要有设计方案，然后才能根据设计方案购买原材料和劳动力，并组织生产。只有按照设计方案生产出来的产品，才能够在材料、结构、形式和功能上，最大限度地满足人们生理与心理、物质与精神等多方面的需求，产品才有可能具有商品的活力，已经生产出来的产品才有可能在市场上得到最大程度的销售。这是企业生存和发展的根本。不仅仅是企业的生存和发展有赖于商品的活力，一个地区、一个民族，乃至一个国家的经济都依赖于商品的活力。要让产品富有商品的活力，设计仅仅停留在设计方案上是不够的，还需要将设计贯穿至生产、流通和消费的全过程，企业需要通过优良的工业设计，尽量地将其在先进工艺设备、科学的管理、廉价环保的原料以及销售技术方面的优势发挥出来。

设计史上，艺术设计促进社会经济发展的例子比比皆是。早在 1982 年，英国前首相撒切尔夫人就亲自主持了"产品设计和市场成功"的研讨会，并指出："如果忘记优良设计的重要性，英国工业将永远不具备竞争能力"。由于英国政府的重视，20 世纪 80 年代初期和中期，英国设计业迅猛发展，进而促使英国工业开始新一轮的增长，出现了 1986 年 3.6% 的高增长率。设计不仅推动了英国的工业，而且拯救了英国的商业，使政府和企业都从中获得了巨大的赢利。

二、对企业的意义

（一）科研与市场的桥梁和纽带

任何先进技术和科研成果，要转化为生产力，必须通过设计。只有把科研成果物化为消费者乐意接受的商品，才能进入市场，并依靠销售获得经济效益，最大程度地实现科技成果的价值。因此，设计是企业与市场的桥梁：一方面将生产和技术转化为适合市场需求的产品;另一方面将市场信息反馈到企业,促使企业的发展。

发达国家的工业设计发展史表明,当人均 GDP 达到 1000 美元时,设计在经济运行中的价值就开始被关注;当人均 GDP 达到 2000 美元以上时,设计将成为经济发展的重要主导因素之一。当进入以创新领导实现价值增值的经济发展阶段时。产品创新设计就会成为先导产业。因此,产品创新设计水平将极大地影响高新技术产业的发展水平。

(二)提升产品附加值,增加经济效益

如果说,传统意义上的产品设计是以其使用价值与交换价值为主导,审美价值和社会价值仅在其次,现在的情形发生了很大的变化。随着世界经济竞争的日益激烈以及全球经济一体化进程的加速,通过设计增加产品的附加值成为目前经济竞争的一种强有力的手段。所谓增加产品的附加值,就是指通过设计提升产品的审美价值和社会价值。产品的审美价值和社会价值在逐步提升的过程中,有时甚至会超过产品的使用价值与交换价值,进而成为产品价值的主导。这样的策略,能够降低产品的可替代性,使企业掌握制定价格的主动权。制定价格主动权的掌握,就意味着产品竞争力的提高,意味着经济效益和社会效益的增加。

无数成功的经验告诉我们,产品创新设计是提高产品附加值行之有效的手段之一。2004 年下半年,美国某研究机构针对青少年的一份调查表明,在计划购买数字媒体播放器的青少年中,有 75% 希望能够得到苹果公司的 iPod 播放器(图 4-1)。该机构 2004 年年末的年终报表显示,美国苹果公司在全球范围内已经售出了 1000 万台 iPod,在整个 MP3 市场上的份额超过 60%,位居第一。同属苹果公司并为 iPod 提供下载的 iTunes 音乐收费网站也已经售出 12.5 亿首歌,在同类市场上以 70% 的占有量同样位居第一。在一年时间内,苹果公司的总资产从 60 亿美元攀升到了 80 多亿美元,产业也从电子产品延伸到了动画、音乐、图片等数码领域。

图 4-1　iPod 音乐播放器

（三）创造企业品牌，提升企业形象

品牌的形成首先是产品个性化的结果，而设计则是创造这种个性化的先决条件。设计是企业品牌的重要因素，如果不注重提升设计能力，将难以成就一流企业。韩国三星公司是利用设计创造品牌、增加利润的典型。2004 年，三星赢得了全球工业设计评比 5 项大奖，销售业绩从 2003 年的 398 亿美元上升到 2004 年的 500 多亿美元，利润由 2003 年的 52 亿美元上升到 100 多亿美元。美国《商业周刊》评论说，三星已经由"仿造猫"变成了一只"太极虎"。在国内，诸如海尔、联想、华为等一批具有前瞻眼光的企业已经意识到了产品创新设计在提升企业形象中的重要作用，这些企业通过开发自身的品牌而逐步成长壮大为国际性的大企业。

三、对用户的意义

（一）改变人们的生活方式

今天，产品设计从设计纽扣到设计航天飞机，产品创新设计已经进入到各行各业，渗透到我们生活的每一个细节，成为社会生活不可分割的部分。从人们所处的环境空间和所使用的物品、工具,到思维的方式、交往的方式、休闲的方式等,无不体现着设计的影响,无不因设计的存在而发生变化,有的甚至是翻天覆地的转变。

产品不仅会潜移默化地对人们的生活产生影响,甚至还会导致人与人之间的社会关系的重大改变。对此,或许每一位手机用户都有切身体会:自从手机问世以后,尤其是智能手机的普及以后,人们的生活方式、角色关系也在发生着改变(图4-2)。只要一机在手,无论是在高山海滨还是田野牧场,都掌控着一个实时、远程、互动的通信系统,而且可以通过手机上网实现购物、游戏、学习、办公等各种功能。

图4-2　智能手机

（二）帮助消费者认识世界

产品反映着设计师对社会的观察和认识,也反映着设计师对艺术、文化、技术、经济、管理等各方面的体悟。这些观察、认识和体悟被设计师融入设计的产品中,在公众与产品的直接接触中,或多或少、或深或浅地影响了公众对于世界、社会的认识与理解。

例如,自20世纪八九十年代开始,设计师们围绕着环境和生态保护进行探索,提出诸如绿色设计、生态设计、循环设计以及组合设计等设计理念,并形成了不同的设计思潮与风格。顺应这些设计思潮的产品(如电动汽车、可食性餐具、可循环使用的印刷品与纸张、带可变镜头的照相机等),在很大程度上能强化公众的环保意识,加深公众对于人与环境和谐共处的理解。这样,我们就不难理解日本设计家黑川雅之的话:"新设计的出现常常会为社会大众注入新的思想"。

在积极的意义上,产品创新设计对公众认识和理解问题的影响,是一种说服和培养,属于广义的教育。当然,工业设计对于公众起到的教育作用,不仅仅在于上述的影响,还有更多的内容。公众通过接触使用产品,通过认识、思考和理解,会在文化艺术、科学技术、审美、创造力以及社会化等方面获得经验、增长知识、培养能力,在思想、道德等方面提高素养。例如,各种造型可爱、功能多样的儿童玩具具有益智功能,能对儿童起到教育的作用,有利于儿童的健康成长。同样,市场上许多设计精美的同类产品,功能相似但形式多样,无形中能提升公众的审美能力和创新能力。公众在使用计算机、智能手机等电子产品的过程中,对相关文化知识和电子信息技术的了解都会有所加强。

第三节　产品创新思维的方法

一、头脑风暴法

(一)概念

头脑风暴法(Brainstorming)是由美国创造学家 A.F. 奥斯本提出的,又称为脑轰法、智力激励法、激智法、奥斯本智暴法等,是一种激发群体智慧的方法。头脑风暴法可分为直接头脑风暴和质疑头脑风暴法。前者是在专家群体决策基础上尽可能激发创造性,产生尽可能多的设想的方法;后者则是对前者提出的设想、方案逐一质疑,发现其现实可行性的方法。头脑风暴法是一种集体开发创造性思维的方法。

头脑风暴在激发设计思维时的优势,根据 A.F. 奥斯本本人及其研究者的看法,主要有以下几点。

（1）联想反应。在集体讨论问题的过程中,每提出一个新的观念,都能引发他人的联想。相继产生一连串的新观念,产生连锁反应,形成新观念堆,为创造性地解决问题提供了更多的可能性。

（2）热情感染。在不受任何限制的情况下,集体讨论问题能激发人的热情。人人自由发言、相互影响、相互感染,能形成热潮,突破固有观念的束缚,最大限度地发挥创造性的思维能力。

（3）竞争意识。在有竞争意识的情况下,竞相发言,不断地开动思维机器,力求有独到见解、新奇观念。心理学的原理告诉我们,人类有争强好胜的心理,在有竞争意识的情况下,人的心理活动效率可增加 50% 甚至更多。

（4）个人欲望。在集体讨论解决问题的过程中,个人的欲望自由,不受任何干扰和控制,是非常重要的。每个人畅所欲言,提出大量的新观念。据国外资料统计,头脑风暴法产生的创新数目,比同样人数的个人各自单独构思要多,其对比关系如图 4-3 所示。

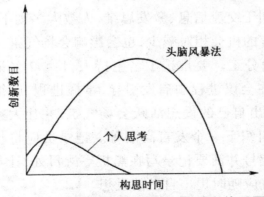

图 4-3　头脑风暴法创新数量对比关系图

头脑风暴法还有很多"变形"的技法。例如,与会人员在数张逐人传递的卡片上反复地轮流填写自己的设想,这称为"克里斯多夫智暴法"或"卡片法"。德国人鲁尔巴赫的"635 法",6 个人聚在一起,针对问题每人写出 3 个设想,每 5 分钟交换一次,互相启发,容易产生新的设想。还有"反头脑风暴法",即"吹毛求疵"法,与会者专门对他人已提出的设想进行挑剔、责难、找毛病,以不断完善创造设想的目的。当然,这种"吹毛求疵"仅是针对"问题"的批评,而不是针对与会者的"人"。

（二）基本流程

（1）确定议题。一个好的头脑风暴法从对问题的准确阐述开始,必须明确需要解决什么问题,同时不要限制可能的解决方案的范围。比较具体的议题能使与会者较快产生设想,主持人也较容易掌握;比较抽象和宏观的议题引发设想的时间较长,但设想的创造性也可能较强。

（2）会前准备。为了提高效率,应该收集一些资料预先提供给参与者,以便了解与议题有关的背景材料和外界动态。就参与者而言,在开会之前对于要解决的问题一定要有所了解,可以将座位排成圆环形。另外,在头脑风暴会正式开始前还可以出一些创造力测验题供大家思考,活跃气氛。

（3）确定人选。每一组参与人数以 8 ~ 12 人为宜。与会者人数太少不利于交流信息、激发思维,人数太多则不容易掌握,并且每个人发言的机会相对减少,也会影响会场气氛。

（4）明确分工。要推选 1 名主持人,1 ~ 2 名记录员。主持人的作用是在会议进程中启发引导,掌握进程,归纳某些发言的核心内容,提出自己的设想活跃会场气氛,并让大家静下来认真思索片刻再组织下一个发言高潮等。记录员应将与会者的所有设想都及时编号并简要记录写在黑板等醒目处,让与会者能够看清。记录员也应随时提出自己的设想。

（5）规定纪律。根据头脑风暴法的原则要集中注意力积极投入,不消极旁观,不私下议论,发言要针对目标且开门见山,不要客套也不必做过多的解释,参与者之间相互尊重、平等相待,切忌相互褒贬等。

（6）掌握时间。美国创造学家帕内斯指出，会议时间最好安排在 30 ~ 45 分钟。如果需要更长时间，就应把议题分解成几个小问题分别进行专题讨论。经验表明，创造性较强的设想一般在会议开始 10 ~ 15 分钟后逐渐产生。

（三）原则

（1）禁止批评和评论，也不要自谦。对别人提出的任何想法都不能批判、不得阻拦。即使自己认为是幼稚的、错误的，甚至是荒诞离奇的设想，亦不得予以驳斥；同时也不允许自我批判，在心理上调动每一个与会者的积极性，彻底防止出现一些"扼杀性语句"和"自我扼杀语句"。诸如，"这根本行不通""你这想法太陈旧了""这是不可能的""这不符合某某定律"以及"我提一个不成熟的看法""我有一个不一定行得通的想法"等语句，禁止在会议上出现。只有这样，参与者才可能在充分放松的心境下，在别人设想的激励下，集中全部精力开拓自己的思路。

（2）目标集中，追求设想数量，越多越好。在头脑风暴会议上，只强制大家提设想，越多越好。会议以谋取设想的数量为目标。

（3）鼓励巧妙地利用和改善他人的设想。这是激励的关键所在。每个与会者都要从他人的设想中激励自己，从中得到启示，或补充他人的设想，或将他人的若干设想综合起来提出新的设想等。

（4）与会人员一律平等，各种设想全部记录下来。与会人员不论是该方面的专家、员工，还是其他领域的学者，以及该领域的外行，一律平等；各种设想，不论大小，甚至是最荒诞的设想，记录人员也应该认真地将其完整记录下来。

（5）主张独立思考，不允许私下交谈，以免干扰别人思维。

（6）提倡自由发言，畅所欲言，任意思考。会议提倡自由奔放、随便思考、任意想象、尽量发挥，主意越新、越怪越好，因为它能启发人推导出好的观点。

（7）不强调个人的成绩，应以小组的整体利益为重，注意和理解别人的贡献，人人创造民主环境，不以多数人的意见阻碍个人新的观点的产生，激发个人追求更多更好的观点。

（8）延迟评判，当场不对任何设想做出评价。既不能肯定某个设想，也不否定某个设想，也不对某个设想发表评论性的意见。一切评价和判断都要延迟到会议结束以后才能进行。

（四）整理分析

获得大量与议题有关的设想，任务只完成了 1/2，更重要的是对已获得的设想进行整理分析，以便选出有价值的创造性设想。首先将所有提出的设想编制成表，简洁明了地说明每一设想的要点，然后找出重复的和互为补充的设想并在此基础上形成综合设想，最后提出对设想进行评价的准则。

一般可将设想分为实用型和幻想型两类。前者是指如今技术工艺可以实现的设想，后者是指如今的技术工艺还不能完成的设想。对实用型设想，再用脑力激荡法去进行论证、进行二次开发，进一步扩大设想的实现范围。对幻想型设想，通过进一步开发，有可能将创意的萌芽转化为成熟的实用型设想。这是脑力激荡法的一个关键步骤，也是该方法质量高低的明显标志。

（五）案例

头脑风暴是一种技能、一种艺术，它提供了一种有效的，就特定主题集中注意力并与思想进行创造性沟通的方式，无论是对于学术主题探讨、日常事务的解决或者设计，都不失为一种有效的方法。

案例一：美国北方严寒大雪，大跨度的电线经常被满满的积雪压断，严重影响通信。长期以来，许多人都试图解决这一问题，但一直没有找到有效的解决方法。后来，电信公司来自不同专业的技术人员进行头脑风暴座谈会，按照头脑风暴应该遵循的规则展开了讨论。有人提出设计一种专用的电线清雪机，有人想到用电热来化解冰雪,也有人建议用振荡技术来清除积雪,还有人提出能否带上几把大扫帚乘坐直升机去扫电线上的积雪。对于这种"坐飞机扫雪"的设想,大家心里尽管觉得滑稽可笑,但在会上也无人提出批评。相反,有一个工程师在听到用飞机扫雪的想法后,大脑突然冒出灵感,产生了另一种简单可行且高效率的清雪方法。他想,每当大雪过后,出动直升机沿积雪严重的电线飞行,依靠高速旋转的螺旋桨即可将电线上的积雪迅速扇落。于是,他马上提出"用直升机扇雪"的新设想。顿时,又引起其他与会者的联想,有关用飞机除雪的主意一下子又多了七八条。不到1小时,与会的10名技术人员共提出90多条新设想。会后,专家对设想进行分类论证,他们认为设计专用清雪机,采用电热或电磁振荡等方法清除电线上的积雪,在技术上虽然可行,但研制费用大、周期长,一时难以见效。那种因"坐飞机扫雪"激发出来的几种设想大胆创新,只要提供相应的技术和资源支持,将是一种既简单又高效的好办法。最后,经过现场试验,发现用直升机扇雪真能奏效,一个久悬未决的难题,终于在头脑风暴会中巧妙地得到了解决。

案例二:某蛋糕厂为了提高核桃裂开的完整率,对"如何使核桃裂开而不破碎"进行了一次小型的头脑风暴会议,会上大家提出了近100个奇思妙想,但似乎都没有实用价值。其中有一个人提出:"培育一个新品种,这种新品种在成熟时,自动裂开"。当时认为这是天方夜谭,但有人利用这个设想的思路继续思考,想出了一个核桃被完好无损取出而简单有效的好方法:在外壳上钻一个小孔,灌入压缩空气,靠核桃内部压力使核桃裂开。

二、思维导图法

(一)思维导图的定义

思维导图又称为心智图(Mind Map)、概念图,是英国著名作家托尼·巴赞发明的一种创新思维图解表达方法。它是一种表达发散性思维的有效图形思维工具,协助人们在科学与艺术、逻辑与想象之间平衡发展,从而开启人类大脑的无限潜能。思维导图是一种将放射性思考具体化的方法,每一种进入大脑的资料,不论是感觉、记忆或是想法,包括文字、数字、符码、食物、香气、线条、颜色、意象、节奏、音符等,都可以成为一个思考中心,并由此中心向外发散出成千上万的关节点,每一个关节点代表与中心主题的一个连接,而每一个连接又可以成为另一个中心主题,再向外发散出成千上万的关节点。

在设计过程中,利用思维导图的方法进行思考具有以下作用。

（1）有利于拓展设计师的思维空间,帮助设计师养成立体性思维的习惯。思维导图强调思维主体（设计师）必须围绕设计目标从各个方面、各个属性,综合、整体地思考设计问题。这样,设计师的思维就不会局限于某个狭小领域,造成思考角度的定势以及思考结果的局限性、肤浅性。

（2）有利于设计师准确把握设计主题,并有效识别设计的关键要素。思维导图可以帮助设计师从复杂的产品相关因素中识别出与设计主题相关联的关键要素,通过分析和比较各项因素的主次、强弱,从而形成完整、系统地解决设计问题的思路图,帮助思维主体（设计师）透过复杂零乱的事物的表面去把握其深层的内在本质。

（3）有利于设计交流与沟通。思维导图将隐含在设计事物表层现象下的内在关系和深层原因通过其特征比较和连接,以简洁、直观的方式表达出来,使受众可以迅速、准确地理解设计师思考问题的角度、范围,增强设计方案的说服力。

（二）思维导图绘制方法

准备一张大纸或黑板,在正中间用一幅图像或一个关键词表达出中心主题。根据对中心主题的理解,把脑子里想到的各类信息写下来或画下来,这一类信息称为一级信息。每一个信息用小圆圈圈起来,围绕在中心主题四周。把一级信息圈和中心主题连接起来。然后,同理,把从每个一级信息联想到的关键词再次标注下来,称为二级信息。把二级信息圈和一级信息圈相关的主题相连。依此方式不断繁衍,就像一棵苗壮生长的大树,树权从主干生出,向四面八方发散。图 4-4 所示为某思维导图示例。

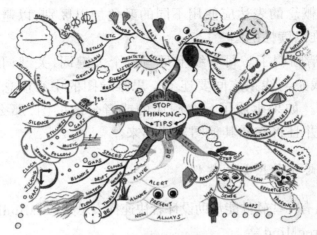

图 4-4　思维导图示例

思维导图强调融图像与文字的功能于一体,一个关键词会使思维导图更加醒目,更为清晰。每一个词汇和图形都像一个母体,繁殖出与它自己相关的、互相联系的一系列"子代"。就组合关系来讲,每一个词都是自由的,这有利于新创意的产生。例如,中心主题写下了"大海"这个词,你可能会想到蓝色、海鸥、阳光、沙滩、孩子,可能会想到童话、渔民、金色、美人鱼等这些关键词。根据联想到的事物,从每一个关键词上又会发散出更多的连线,连线的数量取决于所想到的东西的数量。所以参与的人越多、学科领域越广、人员差异越大,展开空间越丰富。

托尼·巴赞在其著作《思维导图放射性思维》中,对思维导图的制作规则进行了详细的归纳和总结。根据托尼·巴赞的研究以及国内有关专家对思维导图所作的相应研究,思维导图的制作可以参考以下三点。

(1)突出重点。中心概念图或主体概念应画在白纸中央,从这个中央开始把能够想起来的所有点子都沿着它放射出来;整个思维导图中尽可能使用图形或文字来表现；图形应具有层次感，思维导图中的字体、线条和图形应尽量多一些变化；思维导图中的图形及文字的间隔要合理，视觉上要清晰、明了。

（2）使用联想。模式的内外在进行连接时，可以使用箭头。对不同的概念的表达应使用不同的颜色加以区别，以避免出现一个混乱、难以读懂的图。

（3）清晰明了。每条线上只写一个关键词，关键词都要写在线条上，线条与线条之间要连上。思维导图的中心概念图应着重加以表达。如果生成了一个附属的或者分离的图，那么，就要标识这个图并且将它和其他图连接起来。

（三）思维导图常用软件

目前，有一些软件能帮助设计者快速探索思路，如MindManager、XMind、FreeMind 等。

（1）MindManager。MindManager 是一个创造、管理和交流思想的通用标准，其可视化的绘图软件有着直观、友好的用户界面和丰富的功能，这将帮助您有序地组织思维、资源和项目进程。图 4-5 为 MindManager 界面。

图 4-5　MindManager 首页界面

MindManager 是一个易于使用的项目管理软件，能很好地提高项目组的工作效率和小组成员之间的协作性。它作为一个组织资源和管理项目的方法,可从脑图的核心分枝派生出各种关联的想法和信息。与同类思维导图软件相比最大的优势,是软件同 Microsoft 软件无缝集成,快速将数据导入或导出到 Microsoft Word、PowerPoint、Excel、Outlook、Project 和 Visio 中,方便切换。

现在 MindManager 全球用户大约有 400 万人,越来越接近人性化的操作使用,已经成为很多思维导图培训机构的首选软件,而且在 2015 年度 Bigger plate 全球思维导图调查中再次被投票选取为思维导图软件用户首选。

（2）XMind。XMind 是一个开源项目,这意味着它可以免费下载并自由使用。XMind 绘制的思维导图、鱼骨图、二维图、树形图、逻辑图、组织结构图等以结构化的方式来展示具体的内容,具有内置拼写检查、搜索、加密,甚至是音频笔记功能。人们在用 XMind 绘制图形时,可以时刻保持头脑清晰,随时把握计划或任务的全局,它可以帮助人们在学习和工作中提高效率。图 4-6 为 XMind 界面。

图 4-6　XMind 界面

（3）FreeMind。FreeMind 是一款跨平台的、基于 GPL 协议的自由软件,用 Java 编写,是一个用来绘制思维导图的软件。其产生的文件格式后缀为 .mm,可用来做笔记、脑图记录、脑力激荡等。FreeMind 包括了许多让人激动的特性,其中包括扩展性、快捷的一键展开和关闭节点,快速记录思维,多功能的定义格式和快捷键。图 4-7 为 FreeMind 界面。

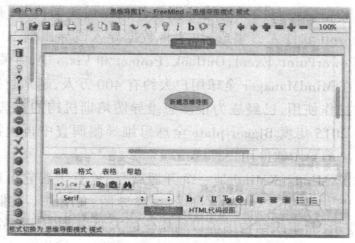

图 4-7　FreeMind 界面

此外,还有 iMindMap、MindMapper、NovaMind、Coggle、Mindmaps、MindMeister、Mindnode、Bubbl.us、Text to Mind、Popplet、WiseMapping、MindMap、Stormboard、Wridea、Mindomo 等众多思维导图软件可供选择。

(四)案例

下面通过一个案例来进一步说明思维导图在产品设计中的应用。该产品是一种探测并显示高尔夫球位置的装置。当完成击球动作后,无论球是否处在边线范围之内,都可以通过该装置显示高尔夫球所在的位置。对于该设计项目,设计人员通过讨论认为其核心概念是显示球的最终落点。基于此种认识,设计人员就"探测球所在位置"这一功能用思维导图展开研究。表 4-1 列出了一个经讨论得出的方案,从中可以发现其涉及的范围十分广泛,这种研究一直延续到产生更为深入细致的构想为止。图 4-8 是运用思维导图法记录的设计构想发展的过程。

表 4-1　探测高尔夫球位置的部分功能构想列表

颜色鲜艳的球	烟轨迹
电子隔栅定位	短球场
球上有发生器	轻击式高尔夫
可爆球体	有 10 米设着弹点
高尔夫经验	有色球场
GPS 系统	轨道计算系统
人探测气味	自动击球臂
狗探测气味	球上有微型照相机
模拟高尔夫	发光球
压力感应地面	球道侧玻璃墙
球上系统	漏斗形球道
	扬声器置于球上，用话筒呼叫

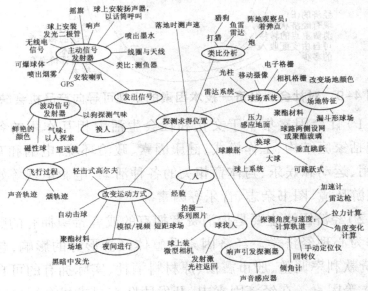

图 4-8　探测高尔夫球位置的思维导图

三、SET 因素分析法

（一）SET 因素的概念

SET 因素中，S 是指社会因素（Social），E 是指经济因素（Economic），T 是指技术因素（Technological），SET 因素分析是通过分析这 3 个方面的因素识别出新产品开发趋势，并找到匹配的技术和购买动力，从而开发出新的产品和服务，如图 4-9 所示。SET 因素主要应用在产品机会识别阶段，通过对社会趋势、经济动力和先进技术 3 个因素进行综合分析研究。

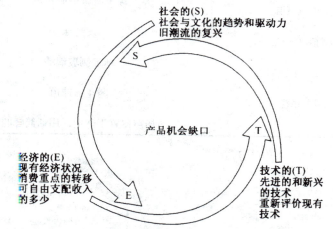

社会的(S)
社会与文化的趋势和驱动力
旧潮流的复兴

S

产品机会缺口

T

经济的(E)
现有经济状况
消费重点的转移
可自由支配收入
的多少

E

技术的(T)
先进的和新兴
的技术
重新评价现有
技术

图 4-9　对社会—经济—技术因素的审视可导向产品机会缺口

（1）社会因素集中于文化和社会生活中相互作用的各种因素，包括家庭结构、工作模式、健康因素、政治环境、电脑和互联网的运用、运动和娱乐、与体育相关的各种活动、电影电视等娱乐产业、旅游环境、图书杂志、音乐等因素。

（2）经济因素主要是指消费者拥有的或者希望拥有的购买能力，称为心理经济学。经济因素受整体经济形势的影响，包括国家的贷款利率调整、股市震荡、原材料消耗、实际拥有的可自由支配收入等因素。在经济因素中，开发团队在寻求机会缺口时比较关注的还有谁挣钱、谁花钱、挣钱的人愿意为谁花钱等因素。随着社会因素的改变,人们的价值观、道德观、消费观在改变,经济因素也在变化。

（3）技术因素是指新技术、新材料、新工艺和科研成果,以及这些成果所包含的潜在能力和价值等因素。技术因素是创新产品开发的强大动力,世界上许多非凡的有创造力的技术如计算机技术、网络技术、基因研究成果等完全改变了人类的生活方式。

SET（社会—经济—技术）因素随时可以产生出影响人们生活方式的新的产品机遇。我们的目标是通过了解 SET 因素的系列因素识别新的趋势,并找到与之相匹配的技术和购买动力,从而开发出新的产品或服务。

SET 系列因素的改变带来了产品机会缺口。产品机会缺口被识别之后,其挑战是把它转化成新产品的开发或对现有产品的重大改进。这两种情况下,产品都是新美学和由新技术所带来的种种可能的功能特征的混血儿,而且与顾客喜好的转变相适应。Apple iMac G3（苹果公司 1998 年推出的新型计算机）成功地填补了一个产品机会缺口。通过对显示屏和 CPU（中央处理器）的一体化设计,通过应用一系列带有鲜明糖果颜色的透明塑料,iMac 很快发展成为一种比其他计算机更好用也更有趣的产品。当 iMac 放在桌子上时,办公室和家庭立刻亮起来。

（二）案例

美国 OXO 公司生产的家庭用品一向都是消费者眼中的王牌产品,OXO 公司也一直是美国人引以自豪的颇具创意的公司。这家公司起步于对厨房削皮器的改良设计,如图 4-10 所示,这款产品获得了数不清的奖项。

工业革命初期,普通削皮器(图 4-11)的出现不亚于水陆军用平底车一样的技术革新。从那以后 100 多年来它从未有过变化。Sam Farber 是一位企业家,他意识到使用舒适性和使用者的人格尊严是改善厨房用具的两个关键因素。他的洞察力来源于他患有关节炎的妻子。他的妻子虽然喜欢烹饪,但是她发现几乎所有用来做烹饪准备工作和烹饪的工具用起来都很不方便,尤其对她患有关节炎的手而言。她觉得使用一些难看、粗糙的工具似乎是对有生理障碍的人的一种不尊重和歧视。这些产品很少考虑如何方便使用和如何减轻使用者负担等问题。因此,这个产品机会缺口不仅仅是设计使用方便和便于抓握的厨房用具,它还必须体现一种新的美学观念,从而不至于让人们觉得自己被当作"残疾人"对待。按照这种标准,削皮器就有了可以改进的机会。

图 4-10　OXO 削皮器

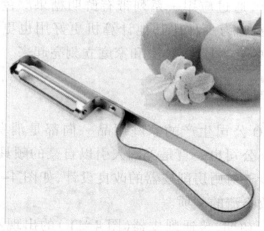

图 4-11　普通削皮器

多方面的 SET 因素使得 OXO 削皮器成为在适当的时候出现的合适的产品,如图 4-12 所示,其中 4 个主要方面的因素如下。

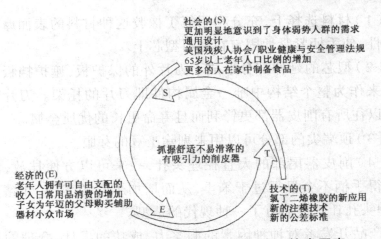

社会的（S）
更加明显地意识到了身体弱势人群的需求
通用设计
美国残疾人协会/职业健康与安全管理法规
65岁以上老年人口比例的增加
更多的人在家中制备食品

抓握舒适不易滑落的
有吸引力的削皮器

经济的（E）
老年人拥有可自由支配的
收入日常用品消费的增加
子女为年迈的父母购买辅助
器材小众市场

技术的（T）
氯丁二烯橡胶的新应用
新的注模技术
新的公差标准

图 4-12　OXO 削皮器的社会—经济—技术因素

（1）美国公众开始关注有生理障碍的人的需求。

（2）这些有生理障碍的人也要求产品能够根据他们的特定需要而设计。

（3）大市场经营模式逐渐转化成小市场经营——那种使普通削皮器延续了超过 100 年的"一种产品满足所有人需求"的观念已经被市场分割的手段所取代。

（4）更多的人开始追求更高品质的家庭用具，尤其是厨具。

从图 4-13 可以看出，产品综合了美学、人机工程学、便于加工和材料应用等方面的成功属性。

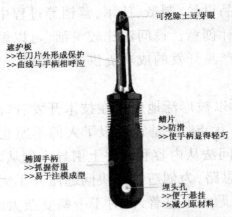

可挖除土豆芽眼

遮护板
>>在刀片外形成保护
>>曲线与手柄相呼应

鳍片
>>防滑
>>使手柄显得轻巧

椭圆手柄
>>抓握舒服
>>易于注模成型

埋头孔
>>便于悬挂
>>减少原材料

图 4-13　OXO 削皮器产品细节

（1）材料选择上，充分利用氯丁橡胶这种材料的表面摩擦力和弹性，使手柄紧紧地固定在塑料型芯上。

（2）型芯的延伸部分形成了刀片外的保护板，遮护挡板同时还用来作为整个结构中唯一金属构件即刀片的托架。刀片使用了比以往所有削皮器都更锋利而且寿命更长的优质金属。

（3）顶端尖的部分可以用来剔除土豆的芽眼。

（4）削皮器尾部的大直径埋头孔，一来可以方便挂放，同时也使得手柄不会显得过于笨重，从而增加了它的美感，和鳍片一起，埋头孔让削皮器有了一种现代的造型。

产品开发者对种种因素的洞察力、成功的设计、合理的材料选择以及加工工艺一起促成了这样一个优秀产品的诞生，并且重新定义了厨房器具。

四、设问法

大多数人看见美丽的花时会说"多美的花"，只有少数人会继续发问"花为什么会这样美""为什么花会开在这里"，并积极地寻求答案。设问法实际上就是一张提出了问题的单子，通过各种假设性的提问寻找解决问题的途径。

设问法主要用于新产品开发过程中，通过对已有产品、事物的提问，发现产品设计、制造、使用、营销等过程中需要改进的地方，从而激发设计创意。设问法比较灵活，可以就一个问题从多个角度思考，为产品开发的成功提供多种渠道，是一种非常实用的创新思维方法。

设问法之所以被广泛地应用在技术开发、产品开发领域，是因为它具有以下优点：一是它克服了人们不愿意提出问题的心理障碍；二是设问法从内容和程序上引导人们从多方面、多角度思考问题，广开思路，为创造性解决问题敞开了大门。该方法对于解决一些小问题效果显著，而对于一些复杂大问题的解决，它可以使问题简单化、明朗化，缩小探索的范围。

（一）5w2h 法

5w2h 法是美国陆军首创。这源于美国军队里对于任何需要上报或追究的事情,都要从何事（what）、何地（where）、何时（when）、何人（who）、何故（why）、如何（how to）、多少（how much）7 个方面去汇报、了解和分析,于是便总结出该提问法（图 4-14）。

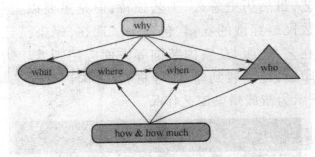

图 4-14　5w2h 的关系

在工业设计中 5w2h 法主要针对与产品相关的 7 个方面进行设问,问题的回答将有助于设计师认清本质,针对性地解决问题"5w2h"具体描述如下。

Why——为什么? 为什么要这么做? 理由何在? 原因是什么?

What——是什么? 目的是什么? 做什么工作?

Where——何处? 在哪里做? 从哪里入手?

When——何时? 什么时间完成? 什么时机最适宜?

Who——谁? 由谁来承担? 谁来完成? 谁负责?

How——怎么做? 如何提高效率? 如何实施? 方法怎样?

How much——多少? 到什么程度? 数量如何? 质量水平如何? 费用产出如何?

（二）奥斯本设问法

奥斯本设问法又称为奥斯本检核表法,是美国 A.F. 奥斯本博士提出的一种创新思维方法。它是把已规范化的相关内容列为表格,按一定的程序,对研究对象从不同角度加以审视和研究,从而形成新的构想或设计。

与"5w2h"设问法相比"奥斯本设问法"的提问更加具体、明确。针对产品的设计问题可以归结为以下方面。

（1）扩展。思考现有的产品（包括材料、方法、原理等）还有没有其他的用途，或者稍加改造就可以扩大它们的用途。例如，汉代已有，唐代盛行于布依族、苗族、瑶族、仡佬族等民族中的蜡染印染工艺，虽然历史悠久、工艺独特，但是主要以蓝色为主，仅用以做少数民族穿戴的衣裙、包单等。现在，蜡染已经发展成多色，因而，在艺术、服装、室内装饰等方面应用频繁。蜡染也不仅在白布上印染，还发展到丝、麻等材料，在国内外越来越受欢迎。图 4-15 所示为苗族蜡染工艺作品。

图 4-15　苗族蜡染工艺作品

（2）借鉴。现有创新的借鉴、移植、模仿。例如，超声波可以击碎石头，借鉴到人类的结石，就可以用在医疗领域上；灯泡可以用来照明，联想到跟太阳光类似，可以用在蔬菜大棚种植上。

（3）变换。现有的发明在结构、颜色、味道、声响、形状、型号等方面进行改变。例如，美国的沃特曼对钢笔尖结构作了改革，在笔尖上开个小孔和小缝，使书写流畅，因此成为第一流的钢笔大王；1898 年，亨利·丁根将滚柱轴承中的滚柱改成圆球形，从而发明了滚珠轴承。

（4）强化。现有的发明进行扩大，如增加一些东西、延长时间、长度，增加次数、价值、强度、速度、数量等。奥斯本指出，在自我发问的技巧中，研究"再多些"与"再少些"这类有关联的成分，能给想象提供大量的构思线索。巧妙地运用加法乘法，便可大大拓宽探索的领域。例如，在两块玻璃中间加入钢丝，可以做成防碎玻璃；加入电热丝，生产了电热玻璃。

（5）压缩。现有的发明进行缩小、取消某些东西，使之变小、变薄、减轻、压缩、分开等，这是与上一条相反的创新途径。例如，笔记本电脑是否可以变小、变薄？于是，有了我们使用的超薄型笔记本电脑和平板电脑，如图4-16所示。

图 4-16　轻薄笔记本电脑

（6）替代。现有的发明有代用品，以别的原理、能源、材料、元件、工艺、动力、方法、符号、声音等来代替。例如，电动汽车生产厂商以电力替代汽油，设计生产的电动汽车实现了尾气的零排放，如图4-17所示。

（7）重新排列。现有的发明通过改变布局、顺序、速度、日程、型号，掉换元件以及部件互换等，进行重新安排往往会形成许多创造性设想。例如，服装的面料、花型、领子、袖子、袖口等稍作变换，就会设计出许多新颖的款式出来。

图 4-17　电动汽车

（8）颠倒应用。现有的发明可否颠倒、反转使用。例如，保温瓶用于冷藏，风车变成螺旋桨，车床切削是工件旋转而刀具不动等都是颠倒应用创新的案例。

（9）组合。现有的几种发明是否可以组合在一起，有材料组合、元部件组合、形状组合、功能组合、方法组合、方案组合、目的组合等。例如，儿童推车，可以让儿童坐、靠、躺，既可以是座椅，又可以是躺椅。

（三）和田十二法

和田十二法又称为"和田创新法则"（和田创新十二法），是我国学者许立言、张福奎在奥斯本稽核问题表基础上，借用其基本原理，加以创造而提出的一种思维技法。它既是对奥斯本稽核问题表法的一种继承，又是一种大胆的创新。例如，其中的"联一联""定一定"等，就是一种新发展。同时，这些技法更通俗易懂，简便易行，便于推广。

（1）加一加。加高、加厚、加多、组合等。例如，把公交车加高一层，成为双层车厢。

（2）减一减。减轻、减少、省略等。例如，把眼镜镜片减小，又减去镜架，创造出隐形眼睛。

（3）扩一扩。放大、扩大、提高功效等。例如，在烈日下，母亲抱着孩子还要打伞。实在不方便,能不能特制一种母亲专用的长舌太阳帽,这种长舌太阳帽的长舌扩大到足够为母子二人遮阳使用呢?

（4）变一变。变形状、颜色、气味、音响、次序等。例如,用漏斗往热水瓶灌水时常常弊住气泡,使得水流不畅。若将漏斗下端口由圆变方,那么,往瓶里灌水时就能流得很畅快,也用不着总要提起漏斗了。

（5）改一改。改缺点、改不便、不足之处。例如,按键式手机改为触摸屏手机。

（6）缩一缩。压缩、缩小、微型化。例如,把雨伞的伞柄由一节改为两节、三节,雨伞就便携多了,如图4-18所示。

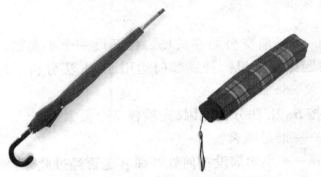

图4-18　长柄雨伞与折叠雨伞

（7）联一联。原因和结果有何联系,把某些东西联系起来。澳大利亚曾发生过这样一件事,在收获季节里,有人发现一片甘蔗田里的甘蔗产量提高了50%。这是由于甘蔗栽种前一个月,有一些水泥洒落在这块田地里。科学家们分析后认为,是水泥中的硅酸钙改良了土壤的酸性,而导致甘蔗的增产。这种将结果与原因联系起来的分析方法经常能使我们发现一些新的现象与原理,从而引出发明。由于硅酸钙可以改良土壤的酸性,于是,人们研制出了改良酸性土壤的"水泥肥料"。

（8）学一学。模仿形状、结构、方法,学习先进。例如,鲁班被茅草割伤了手,于是,模仿茅草边缘的小齿发明了锯子。

（9）代一代。用别的材料代替，用别的方法代替。例如，塑料代替金属可以减轻重量，火车代替汽车可以跑得跟快，银行卡代替现金可以更安全。

（10）搬一搬。移作他用，如把激光技术搬一搬，就有了激光切割；照明灯搬一搬，就有了信号灯、灭虫灯。

（11）反一反。能否颠倒一下，如走楼梯很累，如果让楼梯动而人不动，便出现了自动扶梯。

（12）定一定。定个界限、标准，能提高工作效率。企业在设计、管理、工艺、产品定型等方面制定出一定的章程和标准，保证产品的质量、数量和品种。

（四）案例

案例一：某航空公司在机场二楼开设一个小卖部，生意相当冷清。问题出在哪里？开发部门运用5w2h法分析了原因，提出了改进建议。

（1）按5w2h法分析原因，先检核7个要素。

Who——谁是顾客？

Where——小卖部设在何处？顾客是否经过此处？

When——顾客何时来购物？

What——顾客购买什么？

Why——顾客为何要在此处购物？

How——怎样方便顾客购物？

How much——需要花多少钱？

（2）分析关键因素，找出原因。

Who：究竟谁是顾客？是出入境的顾客？还是接送客人的人？显然，小卖部应该把出入境的乘客当主顾才对。

Where：小卖部设在何处才好？出入境者经海关检查后，都从一楼通道离去，根本不需要走二楼。因此，应将小卖部设在乘客的必经之路上。

When：出入境的乘客何时购物？只有当他们的行李到海关检查交付航空公司之后,才有心情去逛逛小卖部。

（3）针对以上问题,提出改进措施。

案例二：用和田十二法创新自行车（表4-2）。

表4-2 用和田十二法创新自行车

序号	内容	设想名称	简要说明
1	加—加	自行车反光镜	自行车头上安装折叠式反光镜
2	减—减	无链条自行车	取消链条,把踏脚改为上下运动
3	扩—扩	水陆两用车	在车两侧装上4个气囊
4	缩—缩	折叠式自行车	折叠后缩小体积,便于拎上楼
5	变—变	助动式自行车	安装大型发条,骑车时放松发条助力
6	改—改	可转动自行车	停车场车多时转动车龙头就可拿出
7	联—联	多功能自行车	用自行车抽水,自行车给作物脱粒
8	学—学	电动式自行车	安装蓄电池和小电机
9	代—代	塑料式自行车	用碳纤维塑料做成的车架取代金属车架
10	搬—搬	健身自行车	用于老年人、残疾人在家锻炼身体
11	反—反	发电自行车	用自行车拖动小型发电机,解决照明用电
12	定—定	限速自行车	加上自动限速器,增加安全性

五、TRIZ 理论

（一）TRIZ 理论的起源

TRIZ 是拉丁文中"发明问题解决理论"的词头。TRIZ 理论是阿奇舒勒（G.S.Alt-shuller）创立的,Altshuller 也被尊称为 TRIZ 之父。1946 年,Altshuller 开始了发明问题解决理论的研究工作。当时,Altshuller 在苏联里海海军的专利局工作,在处理世界各国著名的发明专利过程中,他总是考虑这样一个问题：当人们进行发明创造、解决技术难题时,是否有可遵循的科学方法和法则,从而能迅速地实现新的发明创造或解决技术难题呢？答案是肯定的。Altshuller 发现任何领域的产品改进、技术的变革、创新和生物系统一样,都存在产生、生长、成熟、衰老、灭亡,是有规律可循的。人们如果掌握了这些规律,就可以能动地进行产品设计并能预测产品的未来趋势。

以后数十年中,Altshuller 穷其毕生精力致力于 TRIZ 理论的研究和完善。在他的领导下,苏联的研究机构、大学、企业组成了 TRIZ 的研究团体,分析了世界近 250 万份高水平的发明专利,总结出各种技术发展进化遵循的规律模式,以及解决各种技术矛盾和物理矛盾的创新原理与法则,建立了一个由解决技术,实现创新开发的各种方法、算法组成的综合理论体系,并综合多学科领域的原理和法则,建立起 TRIZ 理论体系。

(二)TRIZ 理论的优势

相对于传统的创新方法,如试错法、头脑风暴法等,TRIZ 理论具有鲜明的特点和优势。它成功地揭示了创造发明的内在规律和原理,着力于澄清和强调系统中存在的矛盾,而不是逃避矛盾。其目标是完全解决矛盾,获得最终的理想方案,而不是采取折中或者妥协的做法。TRIZ 理论是基于技术的发展演化规律进而研究整个设计与开发过程,而不再是随机的行为。

实践证明,运用 TRIZ 理论,可大大加快人们创造发明的进程而且能得到高质量的创新产品。它能够帮助我们系统地分析问题情境,快速地发现问题本质或者矛盾,它能够准确地确定问题探索方向,突破思维障碍,打破思维定式,以新的视角分析问题,进行系统思维,能根据技术进化规律预测未来发展趋势,帮助我们开发富有竞争力的新产品。

(三)TRIZ 理论的内容

创新从最通俗的意义上讲就是创造性地发现问题和创造性地解决问题的过程,TRIZ 理论的强大作用在于它为人们创造性地发现问题与解决问题提供了系统的理论和方法工具。

现代 TRIZ 理论体系主要包括以下几个方面的内容。

1. 创新思维方法与问题分析方法

TRIZ 理论中提供了如何系统分析问题的科学方法,如多屏幕法等;对于复杂问题的分析,则包含了科学的问题分析建模方法——物—场分析法,它可以帮助快速确认核心问题,发现根本矛盾所在。

2. 技术系统进化法则

针对技术系统进化演变规律,在大量专利分析的基础上,TRIZ 理论总结提炼出 8 个基本进化法则。利用这些进化法则,可以分析确认当前产品的技术状态,并预测未来发展趋势,开发富有竞争力的新产品。

3. 技术矛盾解决原理

不同的发明创造往往遵循共同的规律。TRIZ 理论将这些共同的规律归纳成 40 个创新原理,针对具体的技术矛盾,可以基于这些创新原理、结合工程实际寻求具体的解决方案。

4. 创新问题标准解法

针对具体问题的物—场模型的不同特征,分别对应有标准的模型处理方法,包括模型的修整、转换、物质与场的添加等。

5. 发明问题解决算法

主要针对问题情境复杂、矛盾及其相关部件不明确的技术系统。它是一个对初始问题进行一系列变形及再定义等非计算性的逻辑过程,实现对问题的逐步深入分析,问题转化,直至问题的解决。

6. 基于物理、化学、几何学等工程学原理而构建的知识库

基于物理、化学、几何学等领域的数百万项发明专利的分析结果而构建的知识库可以为技术创新提供丰富的方案来源。

其中，TRIZ 创造原理的核心内容是技术系统进化原理和技术矛盾解决原理。技术系统进化原理认为，技术系统一直处于进化之中，解决冲突是其进化的推动力。进化速度随技术系统一般冲突的解决而降低，使其产生突变的唯一方法是解决阻碍其进化的深层次冲突。

（四）案例

在实际应用中，标准的六角螺母常常会因为拧紧时用力过大或者使用时间过长，螺母外缘的六棱柱在扳手作用下被破坏。螺母外形被破坏后，使用传统的扳手往往无法作用于螺母。在这种情况下，需要一种新型的扳手来解决这一问题。

1. 冲突分析

针对特定的新型扳手设计问题，首先需要进行冲突分析。传统扳手之所以会损坏螺母，其主要原因是扳手作用在螺母上的力主要集中于六角螺母的某两个角上，如图 4-19 所示。若想通过改变扳手形状来降低扳手对螺母的损坏程度，就可能会使扳手的结构变得复杂，制造工艺性下降。因此，新型扳手设计存在"降低损坏程度"与"增加制造复杂程度"的技术冲突。解决这一冲突是新型扳手设计的关键。

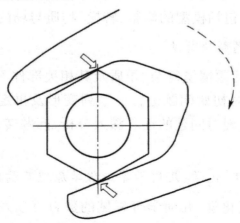

图 4-19　传统扳手上的作用力

2. 利用发明创造原理求解

改变扳手形状是设计新型扳手的基本思路,但这种改变应当与解决技术冲突同时思考。求解时,可以将特定问题转化为与形状相关的通用问题,并参考其通用解法。

例如,通过检核发明创造原理表,发现其中的"不对称""曲面化"以及"减小有害作用"等原理可供参考,借鉴它们的通用解法并进行创新思考,可获得以下新思路。

（1）根据"不对称"原理,将传统扳手的对称钳口结构改为不对称结构。

（2）根据"曲面化"原理,传统扳手上、下钳夹的两个平面改为曲面。

（3）根据"减小有害作用"原理,去除在扳手工作过程中对螺母有损坏的部位。

3. 最终解决方案

最终解决方案如图 4-20 所示。该设计可解决使用传统扳手时遇到的问题。当使用新型扳手时,螺母六棱柱的其中两个侧面刚好与扳手上、下钳夹的突起相接触,使得扳手可以将力作用在螺母的对应表面上。六棱柱表面与扳手接触的棱边则刚好位于扳手的凹槽中,因而不会有力作用其上,螺母不至于被损坏。

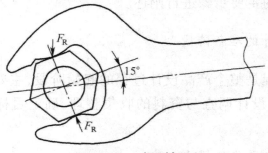

图 4-20　新型扳手

第五章　工业产品造型设计程序

工业制造设计者除了应具备审美能力、创造能力、美学知识之外,还应具有造型设计的表达能力,即通过平面或立体的表达方式,逼真地反映出自己的设计意图和形象,以供人们评价、审定和修改。

第一节　造型设计的程序与方法

一、造型设计程序

产品的设计过程是解决问题的过程,是创造新产品的过程。因此产品设计的程序,即过程的构造规划正确与否,关系到一个成功产品能否诞生,甚至一个企业的命运。下面分四个阶段对产品设计程序的主要步骤进行阐述。

（一）设计的准备阶段

这一过程是整个产品设计过程的起始阶段,主要包括问题与需要的提出、设计调查与资料的收集整理、确定目标与产品定义三个阶段。

1. 问题与需要的提出

问题与需要的提出大体有两种途径：一是国家规划要求的课题或企业依据自身发展提出的设计任务；二是设计师通过大

量的市场调查、生活研究等自己发现的问题。

2. 设计调查与资料的收集整理

在设计问题明确之后,有计划、有针对性地进行调查与资料收集,如使用对象、市场销售、色彩问题、人体工学问题、环境问题、工艺材料、结构及加工问题等,然后根据问题分类进行逐项的资料收集与分析,从而为设计定位奠定基础。

3. 确定目标与产品定义

此阶段工作的核心是创意,将前期调查所得的信息资料进行分析总结,提出具有创新性的解决方案。在这一过程中设计师要以产品功能的基本概念为出发点,力求排除习惯性思维已有的产品形象干扰,以达到真正创新的目的。另外,产品的概念设计也要考虑由相近产品的竞争关系来设定自己的系列产品的基本形象特征,考虑主次问题的并存程度等。

(二)设计展开

在基本设计概念确定的基础上,展开多种多样的创意活动。从而实现产品设计的具体化。通过对产品功能、构造、用途、流行趋势诸方面的研究,使形象渐渐趋于明朗。这一系列工作经过若干次反复,以形态的展开为结果,表达出设计的方向。

1. 草案设计

在创意初期,最常用的设计手段是绘制草图。草图一般使用铅笔、钢笔或签字笔等便利工具快速表达设计理念,是瞬间捕捉灵感的最好手段。不求细致、完美的描绘,只求轮廓清晰、能表达出作者的思路即可。同时设计草图也是设计师将自己的想法由抽象变为具象的一个创造过程,它实现了由抽象思考到图解思考的过渡。构思草图可从整体到局部,即从构成产品的主要特征或体量关系着手,然后再思考局部细节。构思草图是整个设计展开的基础,以后的设计工作都是在此基础上发展深入的,所以构思草图一定要扩展思路,宜多宜广。草图基本完成以后,通过草模来观察设计方案的大小体量和比例关系,并通过一些辅助手段来检查结构、功能的可行性。

2. 设计方案的细化

这一阶段主要考虑设计方案实现的有关技术情况、材料、加工工艺、结构功能等。设计必须按照产品的成型加工方式、所选择的材料、表面处理工艺、零部件的选定等条件协调进行。在造型设计进行到一定程度时,需开始注意整理准备相关设计文件,如设计方案效果图、外观模型、设计小结、部件明细和必要的工程图,以备后期评估及深入设计用。

3. 优化方案与深入设计

经过初步设计后,已经有了不少理想的设计方案,接下来要对之前的工作进行总结并做出正确的设计定位。设计师应该在把握设计的大方向以后,善于捕捉各种微小的信息,合理地利用自己的设计优势,完成自己的设计理想。因此,这一阶段必须处理和解决好两个方面的问题。

一方面,在深入探讨设计理念与设计草图是否一致的基础上,从创意性、艺术性、文化性、审美性等方面对初步设计的草图进行筛选,从众多的设计方案中选出具有代表性的草图。这一过程通常是由设计师在会议上对每个草图方案的利弊与独特之处进行阐述,然后由各方面人员共同讨论、分析,从而选出最终方案。

另一方面,对选中的方案进行深化设计,采用合理的表现手法,如工程制图、工艺流程图、设计效果图等使方案得到形象化的展现。对产品色彩进行改进,产品局部细节进行重新推敲设计,进一步增加产品设计的文化内涵。

另外,为了检验构思设计、产品造型设计、结构设计和各部分之间的装配关系,还需要对产品造型进行模型制作,以检验图纸的合理性,并调整产品尺寸,为以后的生产制作做好充分准备。

（三）设计报告制作

产品设计报告书是以文字、图表、草图效果图、模型照片等形式所构成的设计过程的综合性报告，其中包括了资料收集、市场调研、构思设计草图、三视图、效果图设计、模型制作等与产品设计相关的内容，是交给企业高层管理者最后决策的重要文本。对于产品设计报告来讲，制作的内容要全面，条理要清晰，形式要简练，给人一目了然的感觉。通过查阅设计报告，可以准确地把握产品设计的思路，增强企业对设计产品的投资信心。设计报告书与产品设计一样，都需要精心的排版设计，确定自己的设计风格，展示设计魅力。

（四）专利知识

专利是保护发明创造、创新成果的一种形式。专利可以保护发明创造者、设计人或专利权拥有者的合法权益，有利于鼓励创新推动社会进步。了解必要的专利知识、掌握专利检索的方法，有利于产品设计开发活动的顺利开展。

1. 专利的定义

专利是指法律保障创造发明者在一定时期内对其创造发明独自享有的权利，是将符合新颖性、创造性和实用性的具体技术方案通过一定的法律程序，以法律认可的形式给予保护的发明创造。专利含义包括专利权、受到专利权保护的发明创造和专利文献。

（1）专利权

专利权是由国家知识产权专管机关依据专利法授予申请人的一种实施其发明创造的专有权，主要是指发明创造的所有权、专利的范围和如何利用。

（2）受到专利权保护的发明创造

根据我国专利法的相关规定，受到专利法保护的发明创造包括发明、实用新型和外观设计3种,如图5-1所示。其中,发明是指对产品、方法或者改进所提出的新的技术方案;实用新型是指对产品形状、构造或者其结合所提出的适于实用的新的技术方案;外观设计是指对产品的形状、图案、色彩或者其结合以及色彩与形状、图案的结合所做出的富有美感并适于工业应用的新设计。

图5-1   发明专利、实用新型专利和外观专利证书

专利法所保护的发明创造有其特定含义。依据专利法的规定,发明的专利可以分为产品发明专利和方法发明专利两大类。产品发明是指一切以物质形式出现的发明,如机器、仪表、工具及其零部件的发明,新材料、新物质的发明。方法发明是指一切以过程形式出现的发明,如产品的制造加工工艺、材料的测试、化验方法,产品的使用方法的发明。外观设计保护的是产品的外形特征,这种外形特征必须通过具体的产品来体现,并且这种产品可用工业的方法生产和复制。这种外形的特征可以是产品的立体造型,也可以是产品的表面图案,或者是两者的结合,但不能是一种脱离具体产品的图案或图形设计。

（3）专利文献

专利文献是指各国专利局出版发行的专利公报和专利说明书,以及有关部门出版的专利文献、记载有发明详细内容和受法律保护的技术范围的法律文件等。专利文献包括专利申请说明书(专利项目、说明书、权利要求书、摘要),专利说明书,专利证明书,申请及批准的有关文件,各种检索工具书(专利公报、专利分类表、分类表索引、专利年度索引等)。

2.专利的作用

首先,专利可以保护发明或设计人的合法权益,从此推动社会技术进步。发明、创造创新成果是发明者与发明单位经过长期艰苦努力,不断试验、改进,花费相当人力、物力、财力之后取得的成果。一旦应用到生产实践中去,就能转化为现实生产力,创造出物质财富。如果不有效地保护这些发明、创造、创新成果,不仅会挫伤发明单位和个人的发明创造积极性,而且会影响相关的个人、单位甚至国家的利益。

另外,通过公开的专利文献,可以使他人受到启发,从而有可能创造出更多的新的发明和成果。因为专利权在失效以后就成为全社会的共同财富,人人都可以使用。这样,企业、个人可以及时了解新的技术信息,及早取得有用的发明创造成果。科研人员也可以通过检索专利,从而避免重复研发,这有利于技术成果的革新与创造,也有利于推动整个社会的技术进步。

3.专利的特点

(1)专有性

专有性也称为独占性,是指对同一内容的发明创造,国家只授予一项专利权。专利权所有者在专利权有效期间,拥有对该专利的垄断权,可按照自己的意愿制造、生产、使用、销售该专利产品或使用专利方法,其他任何人要制造、使用、销售专利产品或使用专利方法,必须取得专利权人同意并支付使用费,否则就是侵犯专利权,要负法律责任。

(2)地域性

地域性又称为空间限制性,是指一国所确认和保护的专利权,只能在该国国内有效。在没有条约规定的情况下,对其他国家不产生效力。例如,一项发明创造只在我国取得专利权,如果有人在别国制造、使用、销售该发明专利,则不属于侵权行为。因此,一件发明若要在别的国家和地区获得法律保护,就必须分别在这些国家或地区申请专利。

（3）时间性

时间性是指专利权有一定的期限。各国专利法对专利权的有效保护期限都有自己的规定,按照我国专利法规定,计算发明专利与实用新型专利、外观设计专利的保护期限分别是自申请日起 20 年、10 年。法律规定的期限届满后专利权自行终止,任何单位和个人可以无偿使用该项技术。

4.专利检索

专利信息的检索就是有关专利信息的查找。在专利市场中,专利信息一方面是指每年大约 100 万份公开的专利文献;另一方面主要是指在专利文献的基础上,经过加工的、有利于市场流通并对企业有帮助的信息。这包括在专利文献的基础上的样品、样机信息,可供许可使用或转让的专利技术信息、专利产品信息、技术需求方的信息、企业供应与需求信息、中介机构及服务内容的信息等。专利检索并不是专利信息的简单查找,专利检索是根据一项或数项特征,从大量的专利文献或专利数据库中挑选出符合某一特定要求的文献或信息的过程。

在研发新产品前,进行充分的市场调研,查阅有关的科技期刊、杂志等科技资料,这是新产品研发人员通常要做的事情。检索专利文献对于科学地确立新产品科研课题至关重要。

首先,通过专利检索可以判断科研立项的必要性。现在全世界每年发明的新技术只有 7% 左右发表在技术刊物上,而其余的 90% ~ 95% 的最新技术都记载在专利文献中。进行较为全面的专利检索,即可确定自己的新产品研发课题是否有必要立项。若已有相同的新技术申请了专利,自己还在立项,必然导致研发雷同,既浪费人力和财力,而且自己辛辛苦苦研制出的新产品还有侵犯他人专利权的风险,实在是得不偿失。

其次,通过专利检索,研发人员可以使自己在相关专利技术的基础上,跳出其专利保护的范围进行较深层次的研究,从而确立新产品研制的高起点,避免重复投入和重复研制,同时可以避免侵权情况的发生。

再次,通过专利检索,可以了解竞争对手的产品研发的主导方向,从而为决策、科研开发计划的制订和技术贸易及引资合资提供依据,为企业和社会的发展创造效益,避免不必要的损失。

在检索时,首先要以某一专利的信息特征(或称为专利文献特征)为检索依据,然后选择按照该专利信息特征编制的检索工具书进行。主要的检索依据包括专利分类号、专利权人、专利文献号、专利申请号、主题词、化学式、专利公布的日期等。专利信息系统决定了人们的检索方式,包括手工检索和机器检索两种检索方式。

（1）手工检索方式

手工检索方式是指人们不借助任何机器设备而靠手工号码检索的检索方法。手工检索通常需要借助有关工具书来进行。《中国专利索引》是检索专利文献的一种十分有效的工具书,分为《分类年度索引》和《申请人、专利权人年度索引》两种。《分类年度索引》是按照国际专利分类和国际外观设计分类的顺序进行编排的;《申请人、专利权人年度索引》是按申请人或专利权人姓名或译名的汉语拼音字母顺序进行编排的。

两种索引都按发明专利、实用新型专利和外观设计专利分编为 3 个部分。1997 年后,该索引出版改为 3 种,在保持原来 2 种不变的基础上,增加了《申请号、专利号索引》,这是以申请号的数字顺序进行编排,并且改为每季度出版一次,从而缩短了出版周期,更加方便了读者对专利的查询。

在利用《中国专利索引》来进行专利检索时,只要我们知道专利的分类号、申请人姓名、申请号或专利号,就可以此为线索,从索引中查出公开(公告)号,根据公开(公告)号就可以查到专利说明书,从而了解某项专利的全部技术内容和要求保护的权利范围。若要了解该专利的法律状态,可以通过索引查出它所刊登公报的卷期号。如果想了解某一技术领域的现有技术状况,或者对某一专利的申请号、专利号等信息不知情的情况下想了解某一领域的专利技术状况,可以根据该项目所属的技术领域或关键词,去查阅国际专利分类表,确定其分类号,从分类索引中的专利号、申请人所申请的专利名称,进一步查阅其专利摘要、专利说明书和权利要求。

（2）机器检索方式

机器检索方式是指借助某种机器(如缩微阅读器、电子计算机等)来查找专利信息的方式,现在则主要是指计算机检索方式。利用计算机对国内专利进行检索时,可以通过《中国专利数据库光盘》来进行。该光盘由专利文献出版社出版,记录了中国自1985年实施专利法以来的所有专利文献。而对于国外专利的检索可以通过美国分类及检索支持系统(Classification and Search Support System, CASSIS)或者一些专利网站, 如 http: // www. patents.ibm.com 来进行。

5. 如何申请专利

申请人在确定自己的发明创造需要申请专利之后,必须以书面形式向国家知识产权专利局提出申请。当面递交或挂号邮寄专利申请文件均可。申请发明或实用新型专利时,应提交发明或实用新型专利请求书、权利要求书、说明书、说明书附图(有些发明专利可以省略)、说明书摘要、摘要附图(有些发明专利可省略)各一式两份,上述各申请文件均必须打印成规范文本,文字和附图均应为黑色。申请外观设计专利时,应提交外观设计专利请求书、外观设计图或照片各一式两份,必要时,可提交外观设计简要说明一式两份。国家知识产权局专利局正式受理专利申请之日为专利申请日。申请人可以自己直接到国家知识产权局专利局申请专利,也可以委托专利代理机构代办专利申请。

专利申请主要包括以下五个方面。

（1）专利申请的受理。专利局受理处或各专利局代办处收到专利申请后,对符合受理条件的申请,将确定申请日,给予申请号,发出受理通知书。

（2）申请费的缴纳方式。申请费以及其他费用都可以直接向专利局收费处或专利局代办处面交,或通过银行或邮局汇付。目前,银行采用电子划拨,邮局采用电子汇兑方式。缴费人通过邮局或银行缴付专利费用时,应当在汇单上写明正确的申请号或者专利号,缴纳费用的名称使用简称。汇款人应当要求银行或邮局工作人员在汇款附言栏中录入上述缴费信息,通过邮局汇款的,还应当要求邮局工作人员录入完整通讯地址,包括邮政编码,这些信息在以后的程序中是有重要作用的。费用不得寄到专利局受理处。

（3）申请费缴纳的时间。面交专利申请文件的,可以在取得受理通知书及缴纳申请费通知书以后缴纳申请费。通过邮寄方式提交申请的,应当在收到受理通知书及缴纳申请费通知书以后再缴纳申请费,因为缴纳申请费需要写明相应的申请号,但是缴纳申请费的日期最迟不得超过自申请日起2个月。

（4）专利审批程序。依据专利法,发明专利申请的审批程序包括受理、初审、公布、实审以及授权5个阶段。实用新型或者外观设计专利申请在审批中不进行公布和实质审查,只有受理、初审和授权3个阶段。

（5）对专利申请文件的主动修改和补正。对专利申请文件的主动修改和补正也是申请人需要选择的一项手续。实用新型和外观设计专利申请,只允许在申请日起2个月内提出主动修改;发明专利申请只允许在提出实审请求时和收到专利局发出的发明专利申请进入实质审查阶段通知书之日起3个月内对专利申请文件进行主动修改。

6.专业规避

专利规避问题是当今企业研发部门面临的重要的课题之一。

专利规避是指企业在产品研发活动中,为避免因开发中的产品侵害他人专利,使企业遭遇侵权诉讼的不利情况的发生,而通过对专利文献中已有专利技术信息的检索的方式,并将检索到的文字信息、数据信息、图片信息与企业已有产品开发的定位相比较,从而利用公知专利技术或避开已有专利的权利诉求,在产品设计中创造出该专利技术的改良发明或外围发明,赢得新产品开发中的市场空缺,并最终独享专利成果的一种活动。

为了真正实现产品开发活动中的专利规避,产品研发团队在产品商品化过程中,应制定完整的项目技术研究计划,使研发人员真正了解已有专利文献的说明书、权利请求书、外观图片等内涵,并向企业管理层提交公正客观的专利规避分析报告,以排除侵权的可能性。通常该分析报告应委托专业人士或机构提供。

合理利用专利规避进行设计可以考虑从以下两个方面入手。

（1）综合利用。许多产品所设计的专利技术不止一项,只有同时对几种不同的专利资料加以利用,才有可能解决问题,从而实现创新设计的目的。

（2）从专利中寻找规律。众多的专利信息必然会显示许多的成功因素,也会暴露出失败的因素。通过专利研究,可以发现相关技术发展的脉络,从而找到有效的创新方法。为达到此目的,不仅要在功能设计上下工夫,而且要充分考虑产品的使用状态。

（五）生产准备与投放市场

当设计方案通过评估和验证后,设计概念达到较为完善的程度,就可以进行生产制造的准备工作了。准备工作包括模具的制作、设备的安装管理、制定生产计划、订立质量标准、印制标签及包装物等。

在新产品批量生产之前,对该产品要进行包装设计和广告宣传。这需要设计师对产品的充分了解,使包装与产品、宣传方针统一起来,用新颖、独特的艺术表现手法将产品的性质、功能、优点表现出来。

　　产品进入市场后,设计并没因此而结束,产品还可能在某些方面存在着与社会发展及消费者需求等不相适应的地方,还要有一个完善和提高的过程。设计师要协同销售人员做市场调查,将反馈的信息进行整理、统计分析,从而掌握产品需要改进的地方。同时设计师发觉其中存在的潜在价值,为以后的改进和调整,或者开发新产品做好充足的准备。

二、造型设计的方法

(一)素描技法

1.素描概述

　　素描是用单色表达物体形象的绘画,它用于产品造型艺术设计构思的第一个阶段,具有确立方案的作用,一般用铅笔、钢笔和炭笔作画。

　　素描具有以下要求。

　　(1)图形尺寸及比例

　　图形尺寸比例应适当,并能正确表达产品的结构。为此,对产品内部的各零部件的尺寸及其相对位置应该准确了解,才能描绘出比例恰当、形象生动的产品形象。

　　以轿车为例,其侧面最能反映汽车的比例特征。初绘汽车,可以从徒手描绘汽车侧形开始,但要十分注意汽车侧形的比例关系。图 5-2 所示的例子是描绘轿车侧形时较容易出现的几种毛病:图 5-2a 的前悬 K 过长,图 5-2b 上半部 h 过高,图 5-2c 底部 e 离地过高,而图 5-2d 各部分比例比较适当。

　　(2)图形要符合透视规律

　　图 5-3 列举了素描中常见的几种毛病:a 的轿车几条主要线条不符合透视规律,以致轿车产生严重扭曲;b 的车轮椭圆透视的长轴方向不对,使车轮显得向外撇;c 的各部分不协调,前窗玻璃位置不正确,而且四个车轮动向不一。

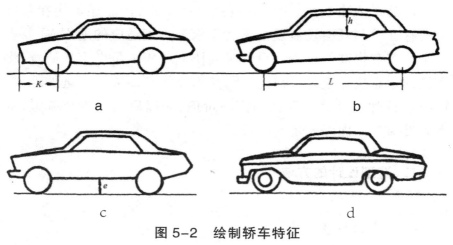

图 5-2　绘制轿车特征

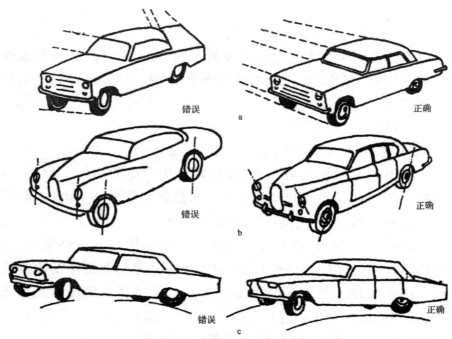

图 5-3　素描图形常见的透视错误

（3）素描线条要挺拔流畅

金属制成的工业产品具有硬而挺的特点。汽车车身是由金属板材制成的,如果线条不坚挺、不流畅,则不能表现出金属的质感,也难以表达汽车的动感。

2.素描作画

素描作画步骤如图 5-4 所示,以轿车为例,素描绘画步骤大致如下。

(1)用切块的方式切出轿车的基础形体。切割的重点是各部分的比例一定要正确,各部分线条、形状要严格符合透视规律,图 5-4a 是符合两点透视法所切割的轿车基本形状的。

(2)在所切割的基本形体上画出最能反映轿车特征的基本线条。对于轿车来说,这些线条是:发动机罩前端、前后翼子板切口、侧窗外廓、行李箱盖等,如图 5-4b 所示。

(3)深入刻画细部。详细画出各个局部,并注意局部的结构和比例。对于细小的零部件(如门把手、雨刷片、后视镜等)也不能漏画。对细部的刻画既要细致深入,又要避免喧宾夺主,如图 5-4c 所示。

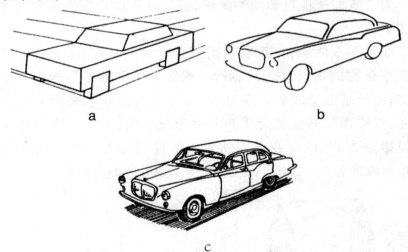

a   b

c

图 5-4 轿车的素描绘画步骤

为了准确地描绘汽车,要求造型设计者必须懂得汽车结构,熟悉汽车每个零部件的名称、用途和它们的安装关系。

由于工业产品的类型繁多,结构也不尽相同,因此作为一名工业造型设计者必须具有工科专业知识,善于深入调查研究,尽量收集国内外工业的资料、图片、广告、杂志、画报、产品说明书等,以掌握各种工业产品的绘图技巧。

（二）透视效果图

1. 基本概念

现实生活中的景物，由于距离观察者的远近不等，反映到人的视觉器官中就会形成近大远小的效果，而且越远越小，最后消失于一点，这种现象称为透视现象。

利用投影手段，将上述透视规律在平面上表现出来的方法叫透视投影。利用透视投影画出的图样与人们日常观察物所得到的形象基本一致。透视投影图比机械制图中的轴侧投影图更富有立体感和真实感，且图像生动、直观性强，是造型设计中广为采用的一种表现方式。

（1）透视投影基本原理

为了掌握透视投影图的画法，首先将透视投影的基本原理简介如下。

如图5-5所示，在观察者正前方竖立一画面P；人的眼睛就是观察景物的视点，称为视点S；观察者所立的水平地面为基面G；画面与基面交线g-g称为基线；视点S所在水平面K称为视平面，视平面与画面的交线h-h称为视平线；视点S在画面上的正投影点为心点O；视点与所观察的连线（SA，SB）称为视线；视线与画面相交，交点（AA₁，BB₁等）的组合即为图像。

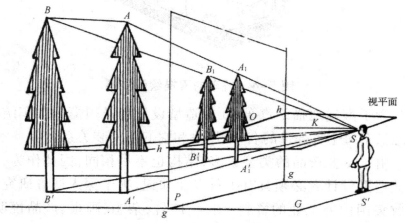

图5-5　透视投影基本原理

　　由图可知,同样大小而对画面距离不等的两棵树,在画面上获得的投影的大小是不等的。由此可得如下结论:距离画面远的景物,在画面上的透视变小;景物与画面重合,画面透视反映实长。高于视平线的、越远的景物,在画面上的透视越往视平线方向降低;低于视平线的、越远的景物,在画面上的透视越往视平线方向升高,而降低或提高的极限就是视平线。

　　(2)投影透视作图方法及步骤

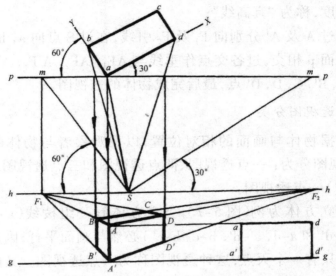

图 5-6　投影透视作图方法及步骤

　　①在图中适当位置作一水平线,作为画面 p-p;

　　②距离画面适当位置作一水平线,作为视平线 h-h;

　　③在视平线下面适当位置作一水平线,作为基线 g-g;

　　④在画面线上适当位置确定一点 a,过 a 点画垂直坐标,通常是过 a 点作 60° 及 30° 斜线来作为 X-Y 坐标,然后将要表现的物体的俯视图画在 X-Y 坐标系上(物体两侧面分别与坐标轴重合);

　　⑤在基线 g-g 上选一适当位置,将要表现物体的主视图画在其上,并使其底边与基线重合;

　　⑥在适当的位置上定出视点 S,S 点的高低位置以物体大小

和灭点远近的需要来决定,这里有很大的经验成分;

⑦过视点 S 做 30° 及 60° 斜线平行于 X–Y 坐标,并于画面相交 m 点,过 m 点作垂线与视平线交于 F_1、F_2 两点,此即为两个灭点;

⑧自画面上的 A 点作垂线与基线相交,即得到棱线 A,再从主视图的棱高 AA' 引水平线与棱 A' 相交而得到透视图的棱线 AA',由于物体棱线 A 靠紧画面 p–p,所以透视棱长 AA' 反映物体实际高度,称为"真高线";

⑨过 A 及 A' 分别向 F_1 及 F_2 引线,在过 S 点向 a,b,c,d 连线与画面 p 相交,过各交点作垂线与 AF_1,AF_2,$A'F_1$,$A'F_2$ 相交,得到 B,B',C,D,D' 点,最后完成物体的透视图。

2. 透视图分类

根据物体与画面的相对位置,以及观察者与物体的角度不同,透视图分为:一点透视图、两点透视图和三点透视图。

(1)一点透视图

以立方体为例(图 5–7),当立方体有一组棱线(a–a', a–b', c–d, c–d' 和 a–d, a'–d', b–c, b–c')必然与画面平行,因此画出的透视图只有一个灭点,这种透视图称为一点透视图。又因为立方体有一个方向的立面与画面平行,故又称平行透视。

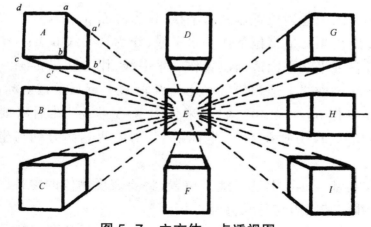

图 5–7　立方体一点透视图

由于视点与立方体相对位置不同,故立方体的一点透视有九种情况。图 5-8 中立方体,有的能看见一个面,有的能看见两个面,最多可看到三个面。

一点透视图的特点是与画面平行的线没有透视变化,与画面垂直的线都消失在灭点。

一点透视图适于只有一个平面需要重点表现的物体,常用于仪器、家用电器等产品效果图的绘制,如图 5-8a 所示。如果用一点透视法绘制形体复杂的汽车效果图,便显得不全面、不丰满,如图 5-8b 所示,因为汽车至少应有两个面需要重点表现。

这里应该注意的是,画一点透视图时,物体距离视点不能太近,否则透视变形太大,即物体与画面的面收缩急剧,使人不仅产生紧张感,还削弱真实感,如图 5-8c、图 5-8d 所示。

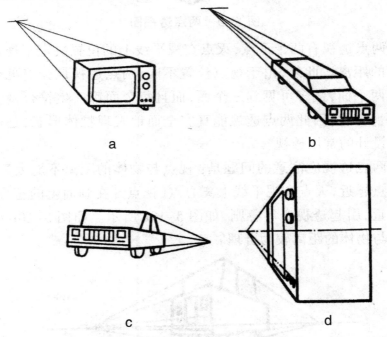

图 5-8　家用电器等产品效果图的绘制

（2）两点透视图

如图 5-9 所示,方形体上有一组棱线（A-A,B-B,C-C,D-D'）与画面平行;另两组棱线（A-B,A-B,C-D,C-D' 和 B-C,

B–C，A–D，A–D'）与画面斜交。这样画成的透视图称为两点透视图。由于立面 AA'BB' 和 BB'CC' 均与画面成一侧斜角度，又称两点透视为成角透视。

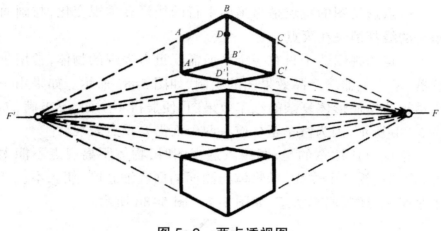

图 5-9　两点透视图

两点透视有两个灭点，灭点在视平线上的位置决定于视点与物体的距离。此外，由于视点位置不同，两点透视最少能见到物体的两个面，最多可见到三个面，而且每个面都产生符合视觉生理透视变化，因此两点透视能真实全面地表现物体形态，是汽车造型设计的常用透视。

两点透视应注意的问题是：视点与物体的距离不能太近，因为视点越近，灭点在视平线上离心点（视点 S 在画面上的正投影）也越近，引起透视变形急剧，如图 5-10a 所示。而图 5-10b 中的视点与物体的距离较为合理。

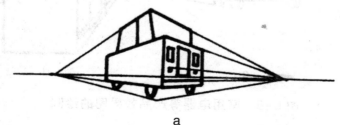

a

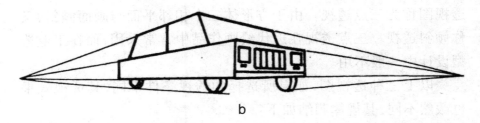

b

图 5-10　两点透视应注意的问题

　　采用两点透视表现复杂物体时,通常先将复杂物体概括归纳成大面体(如长方体),以确定物体长、宽、高的尺寸,并画出长方体的透视图,如图 5-11a 所示;其次将有透视变化的形体各部分按比例画出来,如图 5-11b 所示;最后根据物体的形体变化,画出具体形象和细部,如图 5-11c 所示。

　　在绘制小的形状结构的透视图时,允许徒手绘制,但是绘图人徒手绘画的基本功必须过硬。

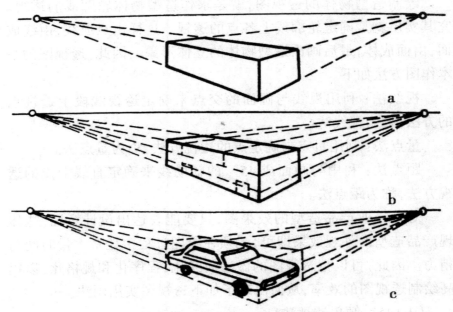

a

b

c

图 5-11　两点透视表现的步骤

（3）三点透视图

以方形物体为例,如果三组棱线均与画面斜交,这样画出的透视图称为三点透视。由于方形体三个相邻平面与画面倾斜，又称倾斜透视。三点透视在近代绘画作品中常常采用，而在工业造型设计中一般不用。

以上三种透视图，如果所选择的透视条件不同，其透视效果也截然不同，其规律归纳如下：

①视点与画面的距离不等，透视效果也不同；

②视点高度不等，所看到的方形体的面数不等，则透视效果不同；

③在物体的几何参数（点、线、面、体）、视点、视高不变的情况下，如果只改变画面位置（即改变视距），则透视图的形象不变，但其大小有变化。画面在物体之前，透视图缩小；画面在物体之后，则透视图放大。

3. 透视图画法

绘制造型物体的透视图，就是求作造型物体轮廓线的透视。究其实质就是确定轮廓线上各点的透视。这样由点成线，由线成面，由面成体，最后画出造型物体的立体形象。因此，透视图的基本作图方法如下。

视线法：利用视线与画面的交点来确定透视线段上透视点的方法，称为视线法。

量点法：利用量点来确定点的透视方法，称为量点法。

距点法：利用与画面成45°的辅助线来确定直线上点的透视方法，称为距点法。

对于工业产品造型的效果图，只要能表达出设计意图，能体现产品造型的外观效果即可，无须在绘图过程中耗费大量时间与精力。因此，可以把透视图的做法简易化、程序化和规格化，以提高绘制透视图的效率，从而出现了如下透视图实用画法。

（1）45°倾角透视法

45°倾角透视法是在量点法的基础上，进行简化的一种较实用的快速作图法。具体绘图步骤如下（图5-12）。

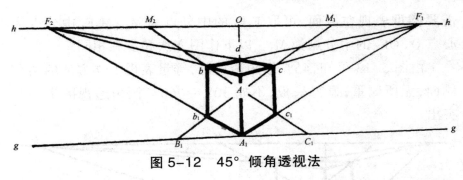

图 5-12 45°倾角透视法

①任画一水平线作为视平线 hh,在其上确定两个灭点 F_1 及 F_2;

②取 F_1,F_2 的中分点作为心点 O,再分别等分 OF_1 和 OF_2 得 M_1 及 M_2 两个量点;

③选定适当的视高,并根据视高画出基线 g-g,由心点 O 向下垂线与 g-g 交于 A_1 点,由 A_1 点向上量取 A_1A 为立方体的实际高度,并在基线上分别量取 A_1B_1 和 A_1C_1 为立方体的实长和实宽;

④连 A_1F_1,AF_1,A_1F_1,AF_1 和 B_1M_1,C_1M_1,得出交点 b_1 和 c_1;

⑤由 b_1 及 c_1 向上引垂线,与 AF_2,AF_1 得交点 b 和 c。连接 bF_1 和 cF_2 得交点 d,便完成了立方体的两点透视图。

这里应注意,视高 OA_1 的选取要适当,过大或过小均易产生透视变形。

(2)30° ~ 60° 倾角透视法

30° ~ 60° 倾角透视法与 45° 倾角透视法的画法基本相同。两者的主要区别只是在确定量点 M_1,M_1 和心点 O 的位置时有所不同(图 5-13)。

①在视平线 h-h 上确定两个灭点 F_1,F_2;

②取 F_1,F_2 的中分点作为量点 M_1,M_1F_2 的中分点作为心点 O,OF_2 的中分点作为量点 M_2;

③由心点 O 向下作垂线与 g-g 交于 A_1,取 A_1B_1 及 A_1C_1 为立方体的实长和实宽,A_1A 为立方体的实际高度。

以下作图方法和步骤与 45° 倾角法相同。

由图 5-13 可知,透视图侧重表达了立方体的右侧面。如果需要侧重表现左侧面,可取 F_1F_2 的中分点为 M_2,M_2F_1 中分点为心点 O,OF_1 的中分点为 M_1。以下作图方法和步骤相同。

由图 5-13 可知,45° 倾角透视图,等量表现了立方体的两个侧面,无所侧重,显得呆板,不如 30° ~ 60° 倾角透视图生动和突出。

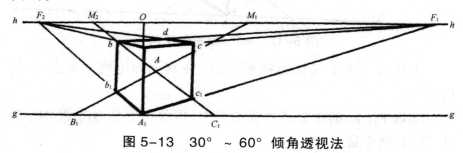

图 5-13   30° ~ 60° 倾角透视法

（3）平行透视法

平行透视法是在距点法的基础上简化的作图法,其作图步骤如下（图 5-14）：

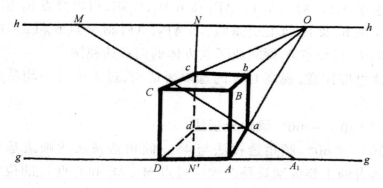

图 5-14   平行透视法

①任作一视平线 h-h,在其上定出心点 O 和距点 M（在视平面上,以心点为圆心、心点与视点距离为半径画弧与视平线的交点）；

②适当选定视高,并根据视高作出基线 g-g,在基线上画出立方体正面的实形 ABCD（底边 AD 应在基线上,正立面的对称 NN' 宜在 OM 中点附近）；

③在基线上向右量取 AA_1 为立方体的实际宽度；

④由 A，B，C，D 各点分别向 O 点连线，再连 A_1M 与 AO 交于 a，由 a 向上作垂线与 BO 交于 b，过 b 点作 bc 平行线与 OC 交于 c，最后加深轮廓线，即完成平行透视图。

该图侧重表现了正面，并兼顾了顶面和右侧面。如果要表现正面、顶面和左侧面，只需将心点 O 与距点 M 对调即可。

（4）倍增分割法

根据所画物体的形体特征，有时需要在立方体的基础上叠加半个、一个、两个或更多个同样的立方体，有时也需要把原有的立方体划分成若干个小立方体。

如图 5-15 所示，以立方体右侧面似，B_1B 为例，介绍倍增分割法的作图步骤。

①分别连 AB_1 和 A_1B，得交点 O_2，过 O_2 作 AA_1 平行线得交点 N 及 N_1，取点 m 为 AA_1 的中点，连 O_2m，即将 AA_1B_1B 分为四等份；

②连 NO_4，交于 g_1 点，过 g_1 点作为 AA_1 的平行线，得交点 g，这样，AA_1g_1g 比 AA_1B_1B 增加了半个长度；

③用同样的作图方法，可画出左侧面及顶面的透视倍增图，可实现立方体倍增半个、一个、一个半、两个……以满足物体的形体需要。

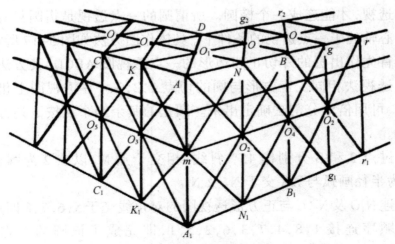

图 5-15　倍增分割法

（5）圆的透视图

画圆的透视图时，一般先把圆纳入正方形中，根据圆与方形的切点定出透视图上对应的切点，再画出圆的透视图。这种方法称为"以方求圆"法，具体画法如下：

①与画面平行的圆的透视图。与画面平行的圆的透视图的画法比较简单，先求出圆心位置、水平半径和垂直半径的透视位置，即可用圆规直接画出圆的透视图，如图 5-16 所示。

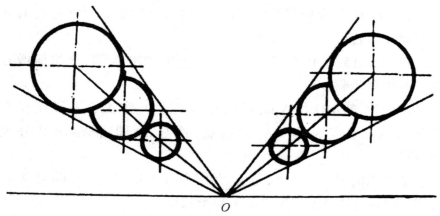

图 5-16 与画面平行的圆的透视图

②圆的一点透视图。除了与画面平行的圆以外，其他与画面不平行的圆，其透视图均为椭圆。这样，至少要在圆上求出八个点的透视，才能连成一个椭圆。所谓圆的一点透视是指圆只有一个中心轴处于一点透视的条件下。具体作图方法如图 5-17 所示。

首先作出圆的外切正四边形的一点透视图 ABCD，其方法与倾角透视法相同。正方形与圆的切点 1，2，3，4 在透视图上仍是切点，可用倍增分割法确定出来。圆上的其余四个点按下列方法确定。

过点 2 和 B 分别作 45° 斜线，相交于点 M，以点 2 为圆心，2M 为半径画弧与 AB 交于 N_1 及 N_2。

连 N_1O 及 N_2O，与正方形透视图的对角线交于 5，6，7，8 四点。

顺序连接 1，8，4，7，3，6，2，5，1，即完成了该圆的一点透视图。

③圆的两点透视图。当圆的两个相互垂直的中心轴处于两点透视的条件下,其透视图的画法与圆的一点透视基本相同(图5-18)。

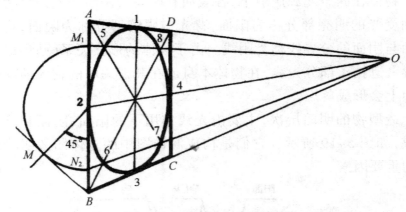

图 5-17　圆的一点透视图

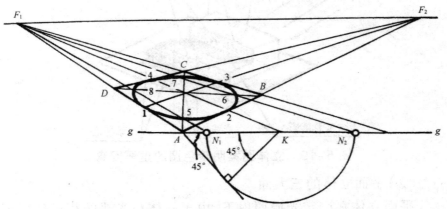

图 5-18　圆的两点透视图

首先用倾角透视法做出圆的外切正方形的两点透视图 ABCD;

再将圆的中心轴线 2,4 延长与基线 g-g 交于点 K;

按圆的一点透视法在基线上求得 N_1 及 N_2 两点,连 F_1N_1 及 F_1N_2 与正方形对角线交于 5,6,7,8;

按顺序光滑连接 1,5,2,6,3,7,4,8,1,便画出圆的两点透视图。

4.立体图像的阴暗色调

（1）阳、阴和影

物体在固定光源照射下，各表面有明亮及阴暗的差别。物体表面受光的明亮部分称为阳面，背光的阴暗部分称为阴面，物体阳面与阴面的分界线称为阴线。由于物体的形状关系（凸出或凹陷等），遮挡了部分光线，在物体本身或在其他关联的物体的迎光表面上会形成落影。

造型物的明暗层次，主要由光线作用下的阳面、阴面和落影形成，如图 5-19 所示。它们是构成润饰图中的立体图像明暗色调的重要因素。

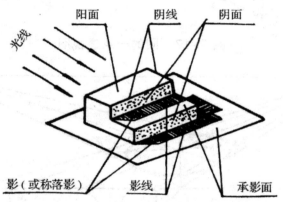

图 5-19　立体图案明暗色调的重要因素

（2）平面立体的三大面

平面立体在固定光源照射下，由于立体与光线的相对位置不同，立体各表面的受光情况（程度）也不同，从而形成明亮及灰暗的差别。如图 5-20 所示，顶面为亮面，左侧面为灰面，右侧面为暗面，这就是平面立体的三大面。

明、灰、暗三大面的准确表达，丰富了平面立体的色调层次，增强了立体感。

（3）曲面立体的五大面

曲面可看成由无数微小的平面组成，而每一个小平面与光线的相对位置都不相同，而且相邻小平面的相对位置变化较小，因此,它们的明暗层次变化也是渐变且柔和的。通常将这种逐渐变化的明暗层次关系确定为高光、明、灰、暗和反光五种,即所谓"明暗五大调"。

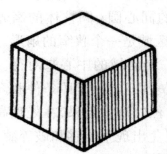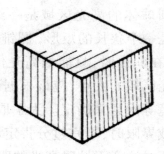

图 5-20　平面立体的三大面

图 5-21 为圆柱面明暗五大调的展开图。在明暗五大调中,高光和暗部阴线是最主要的,其余则属于由高光到暗部的过渡色调。高光是最亮部分,是曲表面对于光的直接反射所呈现的色调;明部是次亮部分,是曲表面对于光的漫反射所呈现的色调;灰部是明暗过渡部分;暗部是曲表面处于阴影中所呈现的色调;反光属于反光部分,仅是被阳面反射光线照亮时所呈现的色调。物体阳面与阴面的交界线(即阴线)是最暗的狭长地带。

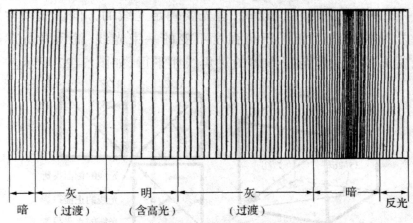

图 5-21　圆柱面明暗五大调的展开图

在圆柱或圆锥体上,理论上的高光反映为一条带状,称为高光带。高光在圆球体上反映为点状,称为高光点。实际上,光线照射在物体表面后,由于曲面上反射角度是均匀变化的,所以物体表面的高光色调,并不局限于某一点或某一线,而是以某一点或某一线为最亮,均匀地向四周过渡,这样就存在一个高光区域。如圆球体的高光区域是一组发射状的同心圆;圆柱体的高光区域是一个狭长的矩形;圆锥体的高光区域是一个狭窄的扇形。因此,在润饰时,只能把高光位置作为一个区域的中心来对待。而高光区域的大小,应该根据形体大小、表面质地、光照条件和客观环境等因素来确定。为了取得比较自然的润饰效果,在处理高光区域界限时,不宜过分肯定和渲染,以免出现生硬感和破碎感,同时还要注意不妨碍高光的明度表现效果。

在白光照射下,一般物体的高光反映为白色。但对于有色物体或表面涂以色料的物体,其高光色调是不同的。如纯铜的高光色调偏紫红色,黄铜的高光色调则偏浅黄色等。此外,物体高光色调还因物体表面质感效果的不同,存在强弱的差别。如物体表面粗糙,由于折射现象,其高光色调较弱;而光滑表面,高光色调则强烈。

5. 物体高光和阴线的部位

在进行效果图的润饰时,首先要确定光线的方向。所谓常用光线,是指光线互相平行且强度不变的一束光线,简称常光。通常,常光的方向应与正方体的对角线相平行,如图 5-22 所示。

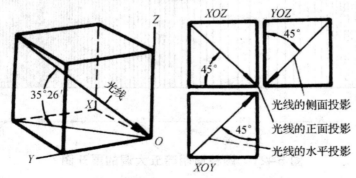

图 5-22 常光

上述常光与各个投影面所构成的体系,称为常光体系。常光体系是进行效果图润饰的基本体系。在此基础上,再考虑光源色、物体固有色和环境色对物体色调的影响。

处于常光体系中的物体,其高光和阴线的位置,可用下列方法确定。

（1）圆柱体表面的高光和阴线

如图 5-23 所示,圆柱体的高光位置可近似取在外径 D 的（3/4）D 处；圆柱体表面的阴线位置可近似取在外径 D 的（1/6）D 处(两者的起点基准点均在右边)。内圆柱面(即内孔表面)的高光位置可近似取在内径 d 的（3/4）d 处；阴线位置可取在内径 d 的（1/6）d 处(两者的起点基准均在左边)。

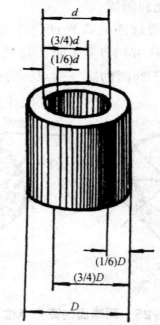

图 5-23　圆柱体的高光位置

（2）圆锥体表面的高光和阴线

如图 5-24 所示,圆锥体表面高光和阴线位置分别在底圆直径 D 的（3/4）D 和（1/6）D 处(两者的起点基准点均在右边)。同理,可确定出圆锥体的高光和阴线的位置。

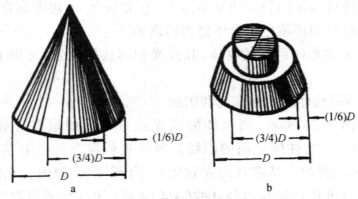

图 5-24　圆锥体表面高光和阴线位置

（3）圆球面的高光和阴线

　　如图 5-25 所示,圆球面的高光点位置可近似取在与水平面成 45°　球体直径 D 的（3/4）D 处;阴线位置取在球体直径 D 的（1/4）D 处,该点相当于椭圆的短径端点,阴线全长相当于椭圆的半个周长。

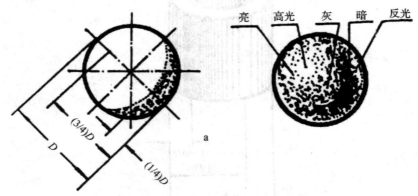

图 5-25　圆球面的高光点位置

（三）润色效果

　　润饰效果图的作用是从光影、明暗、色彩和质感的角度进一步刻画和渲染工业产品的立体形象。

1. 润饰的分类

（1）按投影图分

①平面图润饰：对正投影图（包括主视图、俯视图和侧视图）进行润饰。

②立体图润饰：对透视图进行润饰。

（2）按光线分

①有影润饰：按直线光照射的条件进行润饰。

②无影润饰：按漫射光照射的条件进行润饰。

（3）按色彩分

①单色润饰：也称黑白润饰，即以黑色的直线、弧线、点和块进行润饰。

②有色润饰：用不同色料进行润饰。

2. 润饰步骤

由于被润饰的对象不同，润饰步骤也有差别，下面仅就一般步骤介绍如下。

（1）准确拷贝出立体图样的轮廓。将已画好的透视图样拓描在绘图纸上。对于黑白润饰，要在两表面相交的圆角过渡处，或三表面相交的角顶处，不能用墨线画出棱或角。对于色彩润饰，在圆角过渡的棱或角的地方，应以较高明度区别于其他平面部位。

（2）确定高光和阴线的位置。在常光照色下，物体明、暗的确定有不同的原则。对于平面立体，通常把顶面定为明调，侧面定为灰调和暗调。

对于曲面立体，明调跨在高光线的两侧（圆柱体及圆锥体）或在高光点的周围（球体），暗调在阴线的两侧或周围，介于明调与暗调之间的为灰调过渡。

反光效果应根据物体的结构形状及反射强度的不同，在暗调中确定。

（3）确定落影范围。在立体图像中，落影能增加造型物体的明暗层次,使其具有立体感和真实感。但是,落影的范围和大小一定要根据常光照射方向来确定,否则会失去它的效果,弄巧成拙,得不偿失。

(4)选择适当的润饰方法。根据物体表面质地的不同,应选用最能表现它们质感的润饰方法。即使是同一物体,有的表面是镀铬抛光的(如轿车散热器罩),有的表面是涂饰的(如轿车车身)。只有综合考虑不同的表面质地,选用相适应的润饰方法,其总体润饰效果才能得到充分的表现。

3.润饰方式

(1)黑白润饰

黑白润饰又称单色润饰。它是通过黑与白对比来表现造型物体的明暗层次而获得立体感的。

黑白润饰常用的方法如下。

①描线润饰:对于平面立体、圆柱体、圆锥体,宜采用描线润饰。润饰描线的方向,对于圆柱体应平行于轴线,对于圆锥体应通过锥顶。

在工业造型中,有些产品也常常采用描线润饰方法,图 5-26 为轿车的描线润饰。

图 5-26　轿车的描线润饰

②打点润饰:打点润饰可以充分表现曲面和球面的立体感。对于圆球或圆环,宜采用打点润饰。图 5-27 为汽车座椅的打点润饰,以增强柔软感和圆润立体感。

图 5-27　汽车座椅的打点润饰

③色块润饰：色块润饰是一种写意手法，具有夸张、粗犷的特点，以突出造型物的明暗对比。这种方法在汽车造型设计中也有采用，如图 5-28 所示。

图 5-28　色块润饰

④综合润饰：有些工业产品是平面立体和曲面并存的组合形体（如汽车），因此润饰方法也是综合的，有的部位用描线法，有的部位用打点法，有的部位用色块法。

综合润饰的效果最佳，可以最充分、最合理地表现出产品的主体形象，如图 5-29 所示。

图 5-29　综合润饰

润饰的步骤一般是：先曲后平，先侧后顶，先表后里，先暗后明,各个基本几何形体的结构重合处应放在最后处理。

（2）色彩润饰

色彩润饰比黑白润饰能更全面、更生动地表现造型物体的形、色和质感效果,还能充分地表现出造型物体与使用环境的烘托关系。因此,它是效果绘制中最重要的润饰方法。对于一些重要工业产品(如汽车、机床等),由于生产批量大,成本较高,以及时常激烈竞争等原因,必须采取色彩润饰,以全面评定它的形、色及质感效果。

工业产品效果图的色彩润饰,主要采用水粉、水彩和油彩等方式,其中以水粉润饰最为常用,而且也比较容易掌握。

下面以水粉润饰为例说明有关问题。

①水粉颜料的特点。水粉颜料又称广告色,属于不透明的水溶性颜料。由于它不透明,且内部含有较多的胶质体,所以它的覆盖力极强,先涂的颜色干了以后,可用较稠的颜色将前一种颜色完全遮盖,因此在润饰过程中具有较大的修改余地。

水粉颜料的浓度可用加水的方法来改变,加水越多,颜色越淡。此外,水粉颜料容易调和,掺入白色或黑色颜料,可以改变颜色的明度和纯度。

②水粉润饰的方法和步骤。水粉颜料润饰的基本技法有平涂、退晕等。

平涂的关键是着色均匀。为此,首先要注意色调要均匀,其次是掺水要适当,运笔必须沿一个方向往复进行。平涂大块面积时,运笔要快,运笔速度要均匀,不能中间停顿。

退晕的要点是深浅变化要均匀、自然。通常分为单色退晕和复色退晕两种。单色退晕是在原来的颜料中逐渐掺入白色,在湿润的情况下,使颜色逐渐均匀地改变其明度和纯度。复色退晕是指两种颜色的自然过渡,但不是加入白色,而是在一种颜料中逐渐掺入另一种颜色,直到完全变为另一种颜色为止。

用水粉颜料进行润饰时,应该根据产品色彩设计来确定主体色的调色,色量要足够,避免因色量不足二次调色。当主体色确定为两种颜色时,应根据其面积的大小、色调深浅来确定着色的先后顺序。一般规律是:先着大面积色,后着小面积色;明部先着浅色,后上深色;暗部先着深色,后上浅色;高光区可用白色最后画出来。

③水粉润饰需要注意的问题。用水粉颜料润饰,最容易出现"脏""灰"和"粉"现象。其主要原因是:在着色时,反复涂改,致使画面变脏;调色时不注意色彩的组合关系,三次以上的色彩调和,易产生灰的结果;明部色彩使用白色过多,待干透后易出现粉的现象;画笔不清洁,将深色与浅色、冷色和暖色混在一起,易产生灰的色调。

第二节　造型设计从产品到实现的过程

一、概述

产品造型设计是创新创意和决策的活动,是一个在功能和形态上从无到有的过程。一项成功的设计,综合了对技术、经济、社会、文化、生态环境等因素的思考,以及对产品加工制造、营销等密切相关问题的分析与决策。在产品造型设计与开发的全过程中,做出一定的审美判断,涉及技术、艺术和人文等诸多范畴,要设计人员做出创意和正确的决断,并非易事,需要与其他工程技术人员和营销人员互动和配合才能完成。

一个设计人员需掌握造型设计的基本理论、基本技能,具有创新思维的能力,同时还要具有自然科学和社会科学的基本知识。在造型创新设计中,既要对市场调研的信息进行分析,把握消费者的需求,还要利用创造性思维的技巧,在恰当的时候,产生出新的洞察力与新的创意,在设计过程中,还需对各方面的因素进行综合考虑,来实现设计目标。在企业中,创新是需要符合许多边界条件的,例如企业管理体制的限制、行业标准和企业标准的限制、企业工程条件的限制、工程和市场决策的限制等。即使来自工程和设计外界的限制不太多，设计本身的目的也并不是单一的，因此各种技术资源、设计方法必须进行优化和选择，设计师要在众多边界条件的限制内完成创新设计。因此，一个好的设计师必须充分理解这些"限制"，善于利用各种技术资源和技术方法，最后才能提供符合企业实际、符合市场需求的设计。

在企业内部，设计师对产品各方面处于相对主导地位。在产品决策和开发过程中，设计师要遵循整个企业发展策略和方向，设计会受到技术、性能、结构成本、时间、市场需求等各方面的限制，设计师要学会选择和放弃，综合考虑各方面的因素。如果没有最好的方案，必须在现有不完美的方案中选择比较满意的一个。可以说大部分产品是一个各方妥协的产物，最终的产品往往和设计师最初的设想有一定出入。设计师在产品商品化过程中，在某些阶段处于主导地位，可以说在较大程度上决定了产品商品化的成败与否。企业中的绝大部分创新属于渐进性、积累性的创新，企业设计师、工程师的这种创新似乎不那么引人注目，不那么振奋人心。但当大量的子系统、子领域的微小创新日臻完善，不断积累，就能产生突破性的创新。企业中优秀的设计创新，绝不是个别知名设计师"灵光乍现"的"发明创造"，而是多学科、多领域的设计和工程技术人员通力合作，持之以恒不断积累的结果。

各种工业产品性质和特点有所不同，但具体的造型设计程序与方法，基本上仍在前面文章所阐述理论的大框架内，只是根据不同产品有所差异。现以某企业开发电动观光车新品的造型设计工作为例，作简要介绍，以更加切合实际。

二、电动观光车造型设计与开发

（一）编写开发项目技术文件

技术文件主要包括设计建议书、设计任务书、设计开发计划书等,用以说明设计开发项目的目的、要求、内容、各部门分工任务,各阶段实施的时间计划等。

（1）项目名称:11座电动观光车开发

（2）开发目的:国内电动观光车已发展到一个比较成熟的阶段,其核心部件(即电动机、电池、电器控制装置)基本上各企业都从市场上采购,性能处于同一水平。基于以上情况,通过对销售和售后服务部门收集的资料分析,产品研发部认为,如果要在目前市场竞争激烈的情况下,保持本企业产品在市场上的优势地位,除需提高产品质量外,还必须有外观造型美观的新车型投入市场,延续产品风格,推陈出新,保持产品在市场上的新鲜感。

（3）对新车型的基本要求:此车主要用于旅游观光景区移动观光,大型游乐场所和居民社区乘客短途运载,额定乘员数为11人。

底盘采用微型面包车底盘重新设计,整车钢结构车架,非承载式车身;玻璃钢主体外覆盖件,总体结构易于装配、维护、运输;精简内饰,多彩车身;整车设计尺寸（长 × 宽 × 高）5000毫米 × 1500毫米 × 2000毫米。

双回路四轮液压制动,匀速行驶速度20千米/时,制动距离小于4.5米,续驶里程大于80千米,最大爬坡度小于20%,进口串励电控,5千瓦串励牵引电动机,系统电压12×6V,4+1变速可调。

（4）市场预测分析:包括市场需求、用户期盼、竞争对手情况、产品质量现状、预期首批销量、交货期限、出厂价格等分析内容。

主要的市场需求在各大旅游景区、大型游乐场、大型场馆、大型居民社区等。欧洲各国有较严的环保政策,四轮电动车是他们较理想的代步工具。从近期国外市场反应来看,其需求正稳步增长。因此,在稳定国内市场的情况下,国际市场的开发可作为此后的工作重点。

从目前各企业投入市场的同类产品的分析来看,大部分产品在市场上销售了较长时间,已不能引起客户的兴趣。本公司投放的 11 座电动观光车也有一年多时间,不论是内部还是外部的要求,我们都急需一款新的车型来投放市场,占得先机。

（5）可行性分析:包括技术、工艺、采购、成本等。

从技术上考虑,因主要借用原 11 座电动观光车底盘及主要电气部件,则开发重点在整车车身的造型设计上。根据以往新品开发的经验,整车车身造型设计和开发试生产可较为顺利地完成。

对于采购来说,采购渠道不会有明显改变,仍沿用原车型的配套体系。

主要生产工艺没有大的改变,可以使用现有的工装、夹具、设备实现新产品的生产。成本较之原车型会有所增加,主要在开发费用方面,待工艺成熟和生产成本达到一定批量之后,整车成本将会有所下降。

（6）资源配置

①研发部成员负责整车设计开发。

②生产部配合整个开发过程,包括生产人员在相关阶段的配合,生产设备的提供,工装夹具的制作,配合生产工艺的制定和更改等。

③采购部配合整个开发过程,包括初期提供现有配套厂商信息,在试生产阶段根据研发部提出的物料清单和配套厂商清单采购整车零件和各类相关辅料,确定采购渠道,为批量生产作准备。

④质量部配合整个开发过程,包括试生产阶段的来料检验,过程检验,整车测试验证,相关质量文件的编制等。

⑤设计开发项目负责人根据需要,不定期组织相关人员的碰头会,招集相关部门人员对设计开发的各个阶段进行评审,保证信息畅通。

⑥开发预算的分配主要有以下几方面:模型制作,整车内饰和覆盖件模具的开发,整车零件冲压模具,样车制作,其他费用。

（7）设计开发阶段的划分和主要内容

①资料的收集和整理分析。

②总体设计、方案评估。

③整车设计和零部件设计,技术文件编制。

④整车 1：1 模型制作评审,相关模具开发。

⑤整车底盘样机制作评审。

⑥底盘测试验证。

⑦整车各类模具完成,样件到位。

⑧样车试装,测试评审。

⑨设计更改,评审确认。

⑩生产工装夹具制作,评审确认。

⑪技术测试文件发放,小批量试生产。

⑫试产车辆评审、检测、试验。

⑬正式技术文件下发。

⑭制定 11 座电动观光车开发进度表。

（二）新产品开发实施过程

1. 总体设计

总体设计要根据市场需求和设计原理,由项目组为主组织讨论制定,具体技术参数见表 5-1。

表 5-1　11 座电动观光车整车参数表

项目	参数或配置	项目	参数或配置
额定乘员 / 人	11	制动距离（20 千米 / 时）/ 米	<4.5
外形尺寸 长 × 宽 × 高 /（毫米 × 毫米 × 毫米）	5200 × 1500 × 1940	噪声 /dB	<65
轴距 / 毫米轮距（前 / 后）/ 毫米	2650 1190/1200	整车质量（空载）/ 千克 整车质量（满载）/ 千克	1200 2000
最小离地间隙 / 毫米	120	系统电压 /V	72
最小转弯半径 / 米	6	电动机功率 / 千瓦	5
最高行驶速度 /（千米 / 时）	45	电控	—
续驶里程（满载）/ 千米	85	电池	6V × 12
最大爬坡度（满载）（%）	20	充电机	—

　　然后根据参数配置进行概念设计,这是造型设计重要的阶段。概念设计一般分两个阶段,第一阶段是纯粹的概念设计,设计师不受太多限制,无须过多地考虑车辆的结构和具体布置,图5-30所示为概念设计初步方案草图。

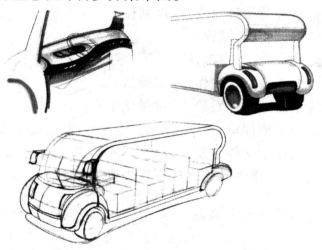

图5-30　电动观光车初步方案草图

　　第二阶段是工程概念设计,这是在第一阶段的基础上,针对选定的方案进行工程设计方面的调整,做细节的概念设计(图5-31、图5-32)。这时需考虑整个结构形式,各零部件的布置,功能部件的功能设计,以及人机工程分析等(图5-33)。

图5-31　电动观光概念车方案草图

图 5-32　新设计的电动光顾车效果图

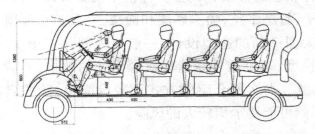

图 5-33　新设计的电动观光车人机工程分析

2. 整车 1：1 模型制作

　　整车模型制作工作主要放在试制车间进行。车间主管和工人在设计师和工程师指导下开展施工,因设计的新车型利用原11座电动车主体底盘结构,故新底盘和车架总成设计和制作在较短时间内完成(图 5-34)。

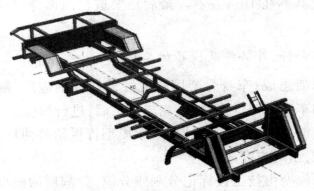

图 5-34　车架总成设计数字模型

　　整车模型一般用手工制作,采用聚氨酯泡沫塑料板材作为模型的主体材料,原子灰作为板材的粘合剂,矩型钢管作主体模型骨架支撑,12毫米胶合板作各位置截面样板。制作时,将整车数字模型制成1:1线稿图,贴在车间的墙壁上,让制作技工每天观看,有深刻印象,更好地把握模型风格和细节特点。

　　此后根据设计图样分别完成后底座、顶棚后立柱、仪表台、座椅底座等模型。整车模型完成后,组织相关部门人员对模型的总体外观效果、模具开发工艺性、结构设计工艺性等做出评定,然后对模型进行相应的修改和调整。待整车模型大体完成,再在车身表面刮腻子,打磨平整,喷涂底漆和面漆,完成整车模型。

　　对于大型产品的造型设计,一般会先制作一个1:5或其他比例的小模型,来推敲外观造型概念设计的效果,然后才会制作1:1的模型。本文所介绍的方式已较为简单,除非具有较丰富的经验,不然可能要承担较大的风险。

　　3. 整车设计

　　整车模型完成后,用移动激光扫描仪进行整车模型数据的测绘,根据测绘数据重新建立计算机三维模型,一般在概念设计阶段,设计师会花费较多的精力和工程技术人员讨论结构的概念设计。此后才会进入计算机三维设计阶段,这时不仅是外观造型设计,还要进行所有零部件的结构设计。最终完成的三维数据模型,其改动量基本在10%左右。最后还要进行内饰件、后视镜、车灯等的设计。

　　4. 零部件、外协件及模具加工制造

　　将车架总成、车身骨架图样发往外协件供应厂,制作车架总成散件和车身骨架焊接总成,完成加工后,进行检验。

　　将内饰件和后视镜设计的数字模型提供给外协厂,签订技术开发协议,由对方完成。

　　车身模型由技工按标记分割线分模,分割后的模型再将安装结构制作出来,交由玻璃钢厂进行模具开发。在模具开发前,一般会让玻璃钢厂的技工参与模型制作。这样在制作模型时,他们已详细了解整车的结构和设计师的意图,使制模工作进行得较为顺利。工程师在模具制造过程中进行指导,指明每一处的结构尺寸形式。

5.样车试制

首先编写一份车辆主要零部件清单和一份简易的装配工艺指导文件,将需要的零部件按顺序摆放,准备足够的连接标准件,如螺母、螺栓等。

然后在工程师指导下进行整车装配,并对全过程进行记录,包括各零部件装配时间,所需零件数量,装配用工具种类,螺栓拧紧扭矩,轮胎气压等。观察记录装配结构工艺性,如何改进。

样车装配完成(图5-35),根据记录文件,整理出一套生产、制造、安装等工艺文件。

图5-35 新研制的11座电动观光样车

由相关人员进行评审,内容包括性能、机构、装配工艺、包装运输、维护、外观造型等,并编制设计开发评审报告。

6.试生产

根据修改的图样和技术文件,由采购部向外协厂、供货商提出供货和生产要求。由质量部对来料和外协加工件进行检验。生产部根据生产工艺文件在工程师指导下进行生产和装配,质量部全程检验。技术部招集各部门人员对试生产车辆进行综合评审,并编写《试生产总结报告》。

7. 新产品检测试验

根据评审结果,由生产部安排两台样车,交由中国特种设备检测研究中心对车辆进行型式试验,其中包括：设计资料、空载试验、满载试验、10％坡度测试、外观、控制系统、电气系统、外形几何尺寸等。经检验全部合格,出具特种设备型式试验报告。

至此,整个产品开发工作基本完成,企业可投入小批量生产。

在产品造型设计实施过程中,设计师除了做好自身的设计工作外,另一重要工作就是和工程技术和营销人员的沟通。这是一个很"烦"的事,所谓"烦"首先是指实施过程的复杂性,事无巨细均要沟通讨论；其次是时间长,贯穿在整个实施过程中。随着工作进程变化,如配件型号不同,材料有变动等是经常遇到的情况。设计师不能太固执己见地坚持原来的设计,要懂得妥协和改变,其实,设计是在不断修改过程中完善起来的。

第六章　工业产品设计的案例赏析

在科学技术飞速发展的今天,工业产品的设计为设计师和客户的交流提供了快速而便捷的通道。尤其是对设计人员而言,产品设计扮演着一个极其重要的角色,它能推动设计方案不断地转化和深入,全面记录整个设计思维的发展过程,同时也能记录设计师瞬间的灵感火花。

一、2008 北京奥运火炬设计

(一)课题背景

奥运圣火作为奥林匹克精神的重要象征,源自古希腊神话,距今已有 2000 多年的历史。奥林匹克火炬是经国际奥委会批准的、用于传递和储存奥林匹克圣火的可手持圣火载体。从 1936 年的第 11 届奥运会开始,在历届奥运会上,主办国都会设计制作一支能体现本国文化特色的火炬。这已成为奥林匹克运动的传统。

1936 年的柏林奥运会,是现代奥运会最早开始传递火炬的一届奥运会。那年,一名德国田径运动员用一支造型独特的火炬点燃了这届奥运会开幕式的圣火。火炬采用经过抛光处理的钢为材料,在手柄部分刻有"奥林匹克接力""柏林 1936"字样,还绘上了奥林匹克五环以及火炬传递的路线图等。

1988 年汉城奥运会的火炬,加入了有着韩国特色的绘画图案,使这支火炬洋溢着浓郁的民族风格。

2000 年的悉尼奥运会,其火炬外形设计的灵感来自于悉尼歌剧院的建筑轮廓。

2004 年的雅典奥运会火炬,线条流畅,充满了活力,外形酷似一枚橄榄叶,因为象征和平与自由的橄榄树是希腊的国树。

经过两次申办奥运的努力,中国终于在 2001 年 7 月 13 日获得了 2008 年奥运会的主办权。在举国欢呼的同时,一系列有关迎接和筹办奥运会的工作全面展开,其中 2008 奥运火炬的设计是人们关注的焦点之一。中国的奥运火炬应如何表达中国传统文化的理念、展示源远流长的华夏文明,已成为迎接奥运、体现民族智慧的重要课题。2005 年 12 月 6 日,北京奥组委启动北京 2008 年奥运会火炬设计工作,并向全球征集火炬设计方案。国内外众多优秀的设计团队和个人都积极参与了此项设计的竞标活动。联想创新设计中心以"定向单位"的身份也参与了这个项目的设计。

（二）团队组建

联想集团的工业设计开始于 1996 年,2000 年成立集团级的设计创新部门,2003 年正式更名为联想创新设计中心。经过 10 年发展,该中心已聚集了一大批创新设计的精英,具备与世界知名设计机构比肩的工业设计能力,是一支集科技、艺术和人文研究为一体的跨国创意群体。联想创新设计中心曾获得近 70 项国际国内设计大奖,其中包括德国的 IF 和红点奖,还包括 2006 年 IDEA 的两个金奖。

联想创新设计中心高度重视奥运火炬的设计,组织了 34 位屡获国际大奖、具有国际视野、对中国文化无比热爱的设计师组成奥运火炬设计团队。他们跨越了工业设计、平面设计、材料工程、机械工程、人类学和社会学等十大学科领域。5 位核心成员是:项目总指导姚映佳,项目总负责李凤朗,项目指导优佳钰,主创设计师章骏,首席工艺专家韩小勤等。

设计团队的德国设计师 Florian 建议团队代号为"Fire",得到了大家的一致认同。"Fire"分为如下三个团队:创作团队、结构工程团队、推广团队。

（三）设计过程

2005 年 8 月,北京奥组委确定了火炬设计理念、设计要求和创作方式。

2005 年 9 月,联想设计团队对奥林匹克精神和历届奥运火炬的设计理念进行分析研究。

2005 年 11 月 25 日,设计团队在九华山庄进行创意元素"头脑风暴"活动,诞生了"纸卷""长城"和"火云"三个创意元素。

2005 年 12 月 6 日,设计团队接到了北京奥组委的定向设计单位邀请函。

2005 年 12 月 8 日,联想创新设计中心在喜马拉雅会议室召开联想北京 2008 年奥运会火炬设计团队启动仪式。

2006 年 2 月 28 日,北京奥组委共收到海内外设计机构和设计师提交的应征参赛作品 847 件,其中有效应征作品 388 件。

2006 年 3 月 16 日,联想创新设计中心的《祥云》方案进前 9 名。

2006 年 6 月 1 日,《祥云》方案进前 4 名。

2006 年 6 月 30 日,北京奥组委宣布《祥云》方案中标。

2006 年 6 月至 8 月,北京奥组委执委会审议确定,由联想(北京)有限公司创新设计中心设计的火炬外形《祥云》为北京 2008 年奥运会火炬艺术设计方案,由中国航天科工集团设计研发的火炬内部燃烧系统为北京 2008 年奥运会火炬技术方案,并确定由中国航天科工集团在联想(北京)有限公司协助下负责完成火炬外形与燃烧系统结合的火炬样品制作工作,形成北京 2008 年奥运会火炬的完整设计。

2007 年 1 月,2008 年北京奥运火炬设计经国际奥委会批准。

2007 年 4 月 26 日,2008 年北京奥运会的火炬设计在中华世纪坛正式对外公布。

2008 年,"祥云"火炬将经历奥运历史上路线最长、范围最广、参与人数最多的接力活动。"祥云"火炬将带着华夏文明的骄傲,行经世界五大洲,穿行全球 135 个城市,最终回到北京。

（四）设计开发流程

奥运火炬的设计开发流程分以下五个阶段。

1. 前期联想

Fire 设计团队启动后，团队成员沉浸在挑战奥运火炬设计创意的兴奋与痛苦中。他们开展了一系列贯穿着发散与收敛思维的"头脑风暴"活动，在联想创新设计中心的传统与现代交融的环境中，不断寻找着奥运火炬设计创意灵感的火花。

长城！如意！灯笼！糖葫芦！风筝！竹子！纸卷！龙！火云！……这些带有鲜明华夏文明特征的文化符号，都成为联想设计师们创意元素的源泉（图 6-1）。

（1）如意

（2）糖葫芦

（3）风筝

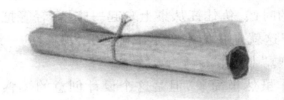

（4）纸卷

（5）火云

图 6-1　设计元素创意源泉

　　在不断整合四五十种创意元素的基础上，在经历从迷茫到清晰、清晰后再迷茫、又逐渐趋于清晰这一周而复始、否定之否定的探求过程后,几组奥运火炬设计方案的轮廓逐渐清晰起来。

2. 创意提炼

(1)"纸卷轴"概念的提出

《祥云》火炬形态的创意方案的原型是纸卷。纸不仅是中国古代的四大发明之一,更是传递人类文明的使者。纸卷造型的奥运火炬,既是中国的,也是世界的,它既能很好地表达向世界传递华夏文明的美好愿望,也与追求和平、友谊、进步的奥林匹克精神完美吻合。最早提出"纸卷轴"概念的是联想创新设计中心设计战略总监仇佳钰。2005年11月25日,设计团队在九华山庄进行创意"头脑风暴",各种创意方案不断涌现。当大家在热烈地阐述各自方案的时候,仇佳钰从桌上拿起一张纸,轻轻把它卷起,举在手里,说:"这就是我们来自于中国四大发明之一'纸'的一个创意的草模型。"

这个动作虽然很简单,但是这个设计创意的灵感,已经被团队成员深深地印在脑海中。在不断创新发想和深入分析研究的基础上,这个"纸卷轴"的创意,最终成了2008北京奥运火炬形态设计的基础。

(2)"祥云"概念的加入

联想奥运火炬设计团队一开始就选择了从华夏文化中汲取创意元素的正确创意方向。"祥云"概念是联想创新事业中心责任设计师章骏提出的。

章骏的思维回到千年华夏文化的源头,获取了"天人合一"、和谐自然的人文精神,从原始器皿的"漩涡纹样""蔓草纹样"和"云纹",到中国古代四大发明之一可以传递人类文明和文化的纸卷……这种对华夏文化的寻根溯源,让"踏破铁鞋无觅处"的整个团队豁然开朗。仇佳钰的纸卷造型和章骏的"云纹"图样(图6-2)融合的"祥云",正是他们苦苦寻觅的北京2008年奥运会火炬的感觉!云纹图样不仅在华夏文明中有着千年的历史,有着丰富的文化内涵,而且在历代建筑、雕塑、器皿和家具中都有着广泛的应用,传递着天地自然、人本内在、宽容豁达的东方精神和喜庆祥和的美好祝愿。云纹所传递的正是东方文化所独有的"面"和"线"的飘逸洒脱与内在的人文精神。

图 6-2　火炬上的祥云纹样

3. 方案完善

在不断整合四五十种创意元素的基础上,在经历从迷茫到清晰、清晰后再迷茫、又逐渐趋于清晰这一周而复始、否定之否定的探求过程后,几组奥运火炬设计方案的轮廓逐渐清晰起来。

在加入"祥云"概念后,设计师们开始着手完善和深化设计方案。他们不断地尝试各式各样的云朵图案。在经历了多次修改之后,火炬上的云朵由年轻、活泼和流动,变得厚重、圆润和饱满。就连对云纹的云尾是尖的是圆的、或者是有更加锐利一点的感觉,设计团队也作了反复的讨论。

经过逐步完善,设计方案变得越来越深入。祥云更加丰盈,云朵、云尾之间的关系也更加清晰,与整体设计结合在一起,丰富的层次和深厚的底蕴也慢慢呈现了出来。

4. 色彩方案

色彩设计也是奥运火炬设计的重要环节。以色彩、材料效果主管设计师周兰为首的设计调整子团队,根据北京奥组委的修改意见,负责对火炬的色彩、造型进行完善。为了让火炬上半部云纹浮雕图样所用的红色能完美表现出中国特色,周兰把眼光锁定在中国几千年漆器文化中的漆红色。她仔细研究了联想创新设计中心收藏的各种不同时期的漆器颜色,奔波于北京各处的漆器古玩市场,翻阅了大量古代漆器的图片资料。

中国漆红饱和而富有力度,热烈而稳重。周兰不厌其烦地调制色板,每调出一块色板,就在不同光线下反复比较不同的视觉效果。在调制了十八块色板后,周兰终于调出了中国味十足的漆红色。

当设计者让"祥云"披上红装时,这种选择对于中国人来说,似乎既在情理之中,又在意料之外。红色是中国人最熟悉的颜色之一,但是,云朵图案选用的漆红却又是许多中国人并不熟悉的。源于汉代的漆红色在火炬上的运用使之明显区别于往届奥运会火炬设计,红色与银色的色彩对比产生了光彩照人的视觉效果(图 6-3)。

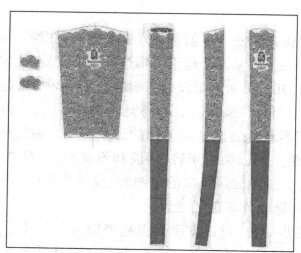

图 6-3　奥运火炬的色彩方案

5. 工艺技术

古朴的纸卷轴、美丽的祥云、火热的漆红……北京奥运会火炬被赋予了完美的形态。

　　然而这一具有完美形态的火炬还必须得到先进工艺和技术的支持才能真正获得成功。

　　以首席工艺专家韩小勤为首的工艺团队考虑到火炬美观和实际的功能需要，决定火炬采用轻薄高品质铝合金制作，火炬形态通过薄壁整体成型、云纹腐蚀雕刻、双色氧化染色等一系列复杂工艺。而火炬下半部则喷涂高触感塑胶漆，使得手感舒适，不易滑落。各相关协作单位默契配合，通过各种先进技术和工艺手段，终于达到了设计预想效果（图6-4至图6-7）。

图 6-4　奥运火炬图

图 6-5　北京奥运会火炬中部

图 6-6　北京奥运会火炬正面

图 6-7　北京奥运会火炬顶部

　　航天科工集团研发的内部燃烧系统,使北京奥运会火炬在燃烧稳定性与外界环境适应性方面达到了新的技术高度。火炬内部燃烧系统的一个重要创新是设置了"双火焰"方案,可以保证火焰的持续燃烧。燃气流出后,一部分进入燃烧器的主燃室,形成扩散的比较饱满的火焰;另一部分进入预燃室,保持一个比较小的但十分稳定的火焰,如果出现极端情况,主燃室火焰熄灭,预燃室仍能保持燃烧。所以,即使在每小时 65 千米的强风和每小时 50 毫米的大雨这样恶劣气候条件下火炬也能保持燃烧（图 6-8）。

图 6-8　北京奥运会火炬底部

北京奥运会火炬是我国自主设计研发的产物,拥有完全的知识产权。

6. 最终方案

最终完成的"祥云"奥运火炬长 72 厘米,重 985 克,燃烧时间 15 分钟,在零风速下火焰高度 25 至 30 厘米,在强光和日光情况下均可识别和拍摄。

"祥云"火炬造型就像是一个中国传统的纸卷轴。纸是中国的四大发明之一,纸和火概念的搭配,是中国传统文化中对立统一的和谐观的体现。火炬漆红色的基调,加上火炬上部银色的对比,更加产生了醒目的视觉效果。火炬上半部分还镌刻着多姿的云彩,这就是在我国有着悠久历史的"祥云"图案。祥云代表着"渊源共生,和谐共融"。

火炬造型上下比例分割均匀,源于汉代的漆红色和铝合金的银色巧妙搭配在一起,融合往复的祥云图案和立体浮雕式的工艺设计,使整个火炬显得高贵华丽,富有中华文化的内涵(图 6-9)。

火炬设计还凸显了环保意识:材料可以回收利用,使用的燃料为丙烷,价格低廉,燃烧后主要产生水蒸气和二氧化碳,不会对环境造成污染。

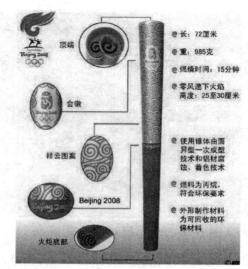

图 6-9　奥运火炬最终方案

二、油烟机设计案例

（一）设计理念

中式烹饪的多样性和大烟量让普通油烟机无法适从,本设计受到叠起来的碟子的启发,从烹饪习惯出发,通过可以变换的进风方式优化油烟机的净化功能。伸缩式进风口和无缝设计也使清洗效率大大提高(图 6-10)。

图 6-10　油烟机整体效果图

（二）方案设计草图

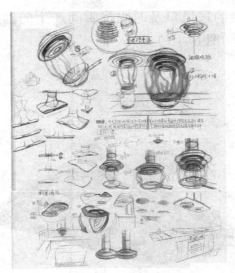

图 6-11　方案设计草图

（三）手绘效果图

图 6-12　手绘效果图

（四）仰视效果图

通过可变换的进风口及时收拢瞬间产生的油烟,以及适应中式烹饪的多样性(图 6-13)。

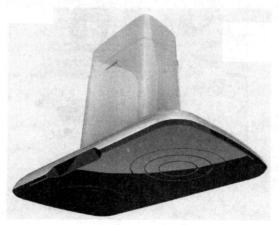

图 6-13　侧面效果图

吸烟模式是人性化设计,自动感应油烟大小,根据不同烹饪识别油烟的浓密程度而进行伸缩。

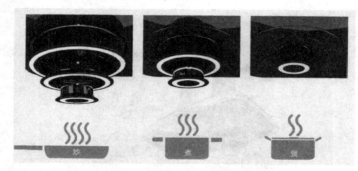

图 6-14　吸烟模式图

（五）渲染效果图

油烟机顶端使用双层装饰罩,以适应不同高度的天花板。并且内部使用了金属固定罩,用以倾斜面板时固定滤网。还有独特油杯设计,即使倾斜也不会漏油(图 6-15 至图 6-18)。

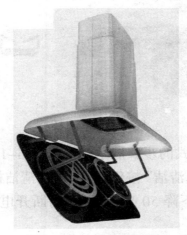

图 6-15　渲染效果图

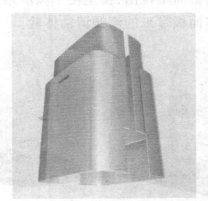

图 6-16　油烟机顶端

图 6-17　固定罩

图 6-18　油杯

"面板清洁"模式的步骤展示效果如图 6-19 所示。

（1）按下"面板清洁"按钮，开始进入清洁模式。

（2）烟机面板下降 50 毫米后，自动断开电源，确保清洁时的安全。

（3）手动将面板向下拉出，拉至便于擦洗角度。

（4）享受一体面板带来的流畅清洁体验。

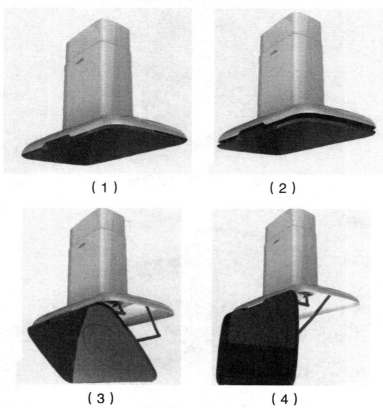

（1）　　　　　　　　（2）

（3）　　　　　　　　（4）

图 6-19　面板清洁步骤

（六）结构透视图

为了解决普通油烟机的问题,设计师在固定装饰外壳、金属固定罩、防漏油杯、自动感应油烟大小、一体面板等这些设计点上都做了详细的调查,并解决了普通油烟机不能完成的问题,这也是本油烟机的特别之处(图6-20)。

图6-20　油烟机结构透视图

三、雪崩自救装备设计

（一）项目背景资料

滑雪是一项既浪漫又刺激的体育运动,在西方国家非常普及。在国际体育用品联合会公布的十大最受欢迎的体育运动中,滑雪运动名列榜首。

滑雪运动具有较大的危险性,对于一般的爱好者来说,多在专业的滑雪场运动,当出现紧急情况时,有专门的雪场管理人员进行救助。但对于技术水平高超并且追求冒险和刺激的爱好者来说,野外的高山滑雪才能满足他们的要求,而与之相伴的是更大的危险性。

雪崩是最常遇到的危险之一。雪崩是一种自然现象,也是一种严重的灾害,大量积雪从高处突然崩塌下落,常会造成房屋倒塌和人员伤亡（图 6-21 ）。

（1）

（2）

图 6-21　雪崩现象

　　雪崩对登山运动员、滑雪爱好者、游客及当地居民是一种极大的危险，它的发生都是非常突然而且避险时间极短。如果人被深埋在雪下半个小时无法获救，雪崩遇险者将有一半都无法生还。奥地利英斯布鲁克大学最新研究报告表明，75％的人在雪埋后 35 分钟死亡，被埋 130 分钟后成功获救的可能只有 3％。因此，遭遇雪崩被埋入雪层后，必须尽可能在短时间内获救或自行冲出雪层。

　　目前多数与雪崩有关的救助装备，其作用都是被动地等待救援，比如雪崩雷达感应芯片必须在装有与之配套搜索器的滑雪场内使用,目前在亚洲只有日本一家滑雪场有该种设施;常见的雪崩信标仪和雪崩气囊,都是在遇到雪崩时便于救援者判别遇险者位置的装备(图 6-22)。

(1) ORTOVOX 公司生产的雪崩信号收发器 X1

(2) ORTOVOX 公司生产的雪崩信号收发器 M2

(3) ORTOVOX 公司生产的雪崩信号收发器 F1 Focus

图 6-22 雪崩信号收发器

基本上述情况,为了向雪崩遇险者提供一种新型雪崩自救装备,深圳嘉兰图产品设计公司组织设计团队进行创新开发,提出了本案例所介绍的设计方案。该项目设计曾获得 2006 年全球设计大奖"红点至尊奖"。

（二）项目设计流程

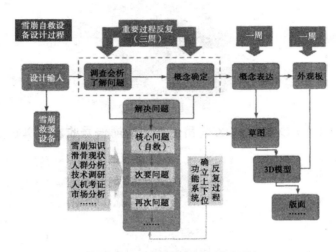

图 6-23　整体设计流程图

1. 项目出发点

装备的设计构想源于设计师在一次观看电视节目时的偶发创意。当时正在播放与滑雪运动相关的内容,出于职业敏感,设计师很快联想到了每年雪崩造成的人员伤亡及救助办法。在北方生活过的人们大体都有一致的生活体验,那就是对于人体劳作来说,使雪融化要比铲雪轻松得多。因此,设计师由雪的特性联想到,如果遇险者在被积雪掩埋后能将雪迅速融化,就可以很快避免遇难。

这一想法也导致项目设计理念从雪崩遇险者被动等待救援转向主动自救。

大部分的雪崩遇险者在被雪埋没以后的短时间内都是清醒的,而且通常被埋深度在雪面下一米左右时,遇难者具备实施自救的基本条件;同时,由于遇险者生还率随着被埋时间的延长而迅速下降,因此救援人员到达雪崩地点之前,能否迅速展开自救就成为遇险者生还的关键。

2.项目调研

借助化学反应产生的蒸气释放出来的大量热量可以使雪在短时间内融化,遇难者只需在遇到雪崩的时候迅速启动该自救装置,便可以将身体周围的雪融化,获得自由;即使无法回到地面,也可以获得呼吸的空间和维持体温,争取更多的时间等待救援(图6-24)。

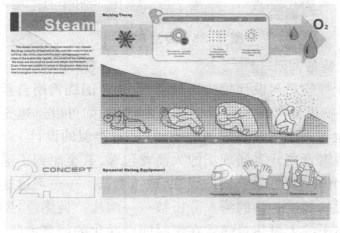

图6-24　雪崩自救装备原理

(1)服装调研

雪崩自救装备的第一个创意曾经是设计一件可以释放热量的滑雪外套。但是通过分析调研,发现这种考虑存在许多难以解决的问题。比如如何解决支持外套释放大量热量的发热源问题;滑雪者在穿上这种特质的外套后是否可以活动自如,获得同以往一样的滑雪体验;在被雪掩埋后如何进行有效的操作等。基于这一概念又催生了很多新的设计构想,如模仿人体的血液系统(不需要大量发热源)维持体温以延长遇险者生命的恒温内衣(可以有效避免遇险者的手指或脚趾被冻伤后而不得不进行的截肢手术)等。但这些构思都因为实现的可能性较小而搁浅(图6-25)。

图 6-25   专业滑雪服

（2）装备调研

设计师的最初设计想法遇阻后,设计者围绕雪崩自救理念展开了"头脑风暴",新的设计创意不断产生,如可以迅速充气的气囊使遇险者不会被流雪轻易地掩埋(已有类似的设计)以及可以迅速使滑雪者离开雪崩现场的火箭背包等,甚至想到了通过卫星定位、激光化雪(好莱坞式的设想,成本奇高)……不过这些构思又随着对问题进一步的深入分析被一一淘汰。最终,借助化学反应释放出来的大量热量使雪在短时间内融化的创新思路,在众多的方案中被肯定下来。这一想法与雪崩自救充气囊的原理有一定关联。雪崩自救充气囊如图 6-26 所示。

Top 上部 Vent hole 通道
通风孔 Entrance   做好过夜的准备

图 6-26   雪崩自救充气囊

（3）热源调研

由于上述被肯定的设计创意涉及一种特定的热源,因此设计者展开了有关发热技术的调研,并搜集到很多民用的和工业用的发热技术和原理,如电热袋、微波、晶体发热袋、磁热效应等。通过试验和分析多种发热材料,发现过氧化氢的各种特性与雪崩自救的需求十分吻合。高浓缩的过氧化氢作为一种工业燃料已经被广泛运用于人类活动中,如火箭燃料、无污染的汽车替代燃料等。过氧化氢通过化学反应可以转化为高温高压的水蒸气,能在短时间内释放大量热量,其化学反应式为 $H_2O \rightarrow H_2O + O_2 \uparrow$。野外雪地活动者只要背负一定量的过氧化氢原料和反应装置,当其不幸被雪崩掩埋时,便可迅速启动该自救装置,通过喷出的蒸气和压力(反应装置的控制机构必须保证不对遇难者自身造成伤害),使身体周围的积雪融化,获得实施自救的条件。该创意方案的示意图如图 6-27 所示。

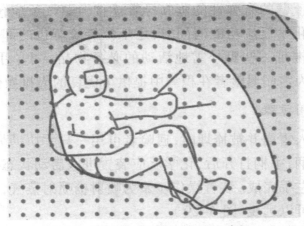

图 6-27　使用方式设想示意图

通过对野外滑雪者图片和自拍视频的观察发现,野外滑雪者通常都会携带背包,里面装有野外活动的必备物品和救生设备。因此背包能成为发热源的一个合理载体。经过设计小组的评估,最终的创意方案产生了——热源载体背包(图 6-28)。

图 6-28　热源载体背包

（三）项目设计分析

1. 整体方案

最终方案由蒸气反应包和蒸气喷射枪两大部分组成，通过固定于人体上臂的有弹性的蒸气导管连接。蒸气反应包在具有携带燃料和化学反应功能的同时，还承担传统背包的部分功能，使用者可以携带一些野外雪地活动的必备物品；可单手操作的蒸气喷射枪为雪崩遇险者在积雪中提供了优良的人机操作方式。

2. 使用步骤

当卷入雪崩并被掩埋时，遇险者可用一只手协助另一只手打开旋转手柄，手柄打开后，化学反应装置进入启动状态，以后的操作全部由左手完成。装置操作步聚为喷射枪喷射蒸气，蒸气融雪，遇险者便可以逃脱（图 6-29）。

喷射枪的设计考虑解决以下几个首要问题。

（1）将喷嘴固定到手臂上，手可以控制喷嘴的喷射。

（2）手柄的旋转设计可以使人在非遇险情况下腾出手部，做其他常规工作，如挂拐杖，拿取物品。

（3）喷嘴的旋转设计在非遇险情况下可以保护喷嘴。

（4）喷射的大小和方向都由左手手柄控制完成。

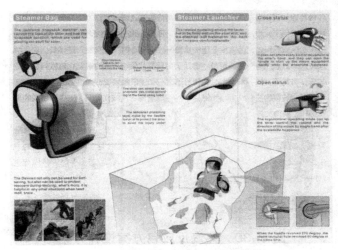

图 6-29　背包的使用步骤

3. 安全问题

安全问题主要是关于灼伤的考虑，由于滑雪者都穿滑雪衣、戴手套，所以身体部分一般不会被灼伤，最危险的部位是脸部。野外滑雪者都会戴宽大的滑雪眼镜，可以在这些用品上做改进设计；另外据分析，在热传递过程中，大量的热量将首先被积雪吸收，所以对人体造成损害的热量较小。完善的防护措施会降低被灼伤的几率。

（四）项目设计草图

雪崩自救装备项目设计草图如图 6-30 至图 6-34 所示。

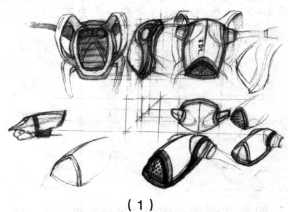

（1）

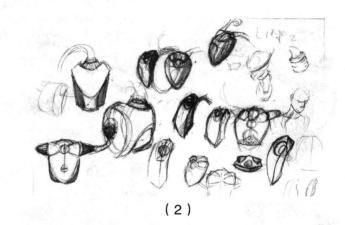

（2）

图 6-30　蒸汽反应包方案设计方案

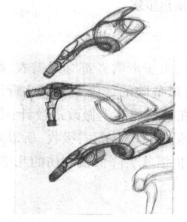

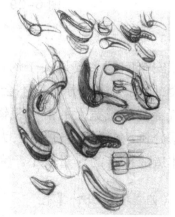

方案一　　　　　　　　　　　方案二

图 6-31　蒸汽喷射枪方案一、方案二设计草图

图 6-32　蒸汽喷射枪其他方案设计草图

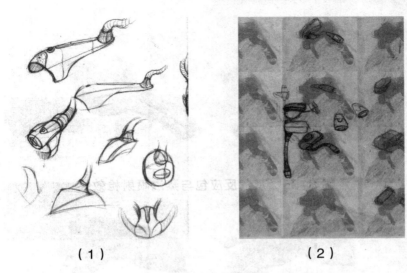

（1）　　　　　　　　　　（2）

图 6-33　蒸汽喷射枪其他使用方式的设计草图

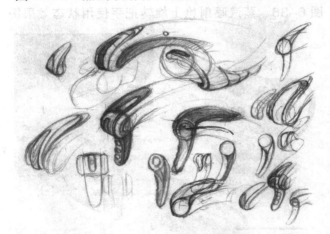

图 6-34　最终方案草图—单手操作的螺旋结构蒸汽喷射枪、旋转式把手

（五）项目设计效果图

雪崩自救设备设计效果如图 6-35 至图 6-37 所示。

图 6-35　蒸汽反应包与蒸汽喷射枪效果

图 6-36　蒸汽喷射枪上旋转把手使用状态效果图

图 6-37　雪崩自救装备整体效果图

四、机床设计案例

（一）机床设计步骤

机床设计包括技术方案的拟定、技术设计和工艺设计,其全过程大致分三个阶段。

第一阶段：要全面地提出一系列的技术、经济和造型方面的指标。这些具体指标是保证机床质量所必需的。

第二阶段：拟定机床工作原理、传动方案及总体设计。

第三阶段：要完成制造机床样机所需要的全部图样和技术资料。

样机制成后，要经过鉴定委员会审查、验收，并对产生图样及资料进行审核，提出修改意见等，这对以后批量生产是十分必要的。

在设计和样机试制的各个阶段，造型设计者都应积极参与。当开始编制机床的技术任务书时，造型设计者就要根据任务书的内容和要求，绘制出第一张机床的外观草图。

机床造型设计内容包括资料收集，同类机床的比较、借鉴，根据人机工程学原理协调人—机—环境的关系，分析机床结构与造型是否一致，考虑机床结构的工艺性和整机安装调试，等等。

经过上述分析，造型设计者便可绘制机床造型草图，包括平面图和立体图。这种造型图，可能有两种或三种方案，经过全体机床设计人员的分析研究、修改、综合，最后确定出最佳的方案。

随后，造型设计者便着手进行具体的造型设计。在设计过程中，要根据方案审查意见，对所选定的方案做最后的修改和完善。然后，设计出整机以及各组成部分的立体造型图，最好能按一定比例制作出机床造型的模型。这些造型设计资料，应在机床技术设计图完成之前提交审查，以协调机床的技术设计和造型设计之间的关系，使二者达到统一、完美、相辅相成。

在技术设计中，造型设计者应直接参加与造型有关的结构设计工作，并审查技术图样是否符合造型设计要求。

在机床样机试制过程中，造型设计者应以机床设计者的身份进行监督，使所制造的样机与造型设计图样相吻合。

在机床造型设计中，应广泛采用立体设计方法，即配置模型。制造模型不仅可以简化造型设计过程，而且无论对整机还是部件，都能进行立体配置方案的比较，更重要的是可以验证机床的使用特性、结构特性及工艺特点是否合理,因此大大缩短了设计和修改周期。同时,立体模型对审查和评价造型的美学质量是最直观和最确切的。

机床模型可用纸板、木板、塑料、硬泡沫塑料、有机玻璃、赛璐珞、多聚苯乙烯等材料制作,也可以同时使用上述集中材料制作。

机床模型比例包括:1∶20,1∶10,1∶5,1∶2。

总之,机床外形的合理性,样式的新颖性、独创性及艺术表现力,与机床的技术经济指标一样重要。外观造型设计在很大程度上促进着文明生产水平的提高,也反映着一个国家精神生活的发展状态,并能使产品在国际贸易中具有坚实的市场竞争能力。

(二)ⅡT-1(A)型机床的设计

在设计ⅡT-1(A)型新机床时,要以原型机床ⅡT-1为参考,因此首先应对原机床进行分析。

1.ⅡT-1型机床特征

(1)结构分析。如图6-38所示,ⅡT-1型机床的主轴箱、进给箱、挂轮架及操纵系统的结构形状比较陈旧,显得不规整、不协调,给人以杂乱之感。电气柜和冷却液箱位于切屑槽下面,挤满了机床下面的空间,给操作者带来许多不便。此外,机床的整体造型显得笨重、粗俗。

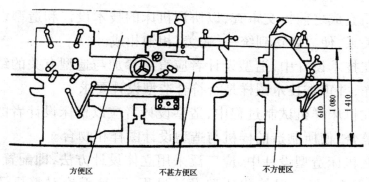

图6-38 ⅡT-1型机床特征

（2）工艺分析。挂轮架的铸铁壳形状不规则，难以进行机械加工。为使挂轮架壳体与主轴箱、进给箱的轮廓吻合，不得不进行手工锉削和修整。另外，几乎所有紧固面的四周均有凸缘，不仅使铸造工艺复杂，而且也增大了机床重量和外形尺寸。

进给箱和尾架的轮廓复杂，铸造和机械加工的工艺性不好，加工的工时多。几乎所有带凸缘、凹陷的壳体形状均不规整，使泥平抹光及喷漆工艺变得困难。

（3）使用性能分析。机床上分散较多手柄，而且其中有的位于操作不方便的下半部。使用标牌和操作说明不应混乱，使工人难以准确和迅速操作，从而影响工作效率。另外，机床表面凸凹部位较多，容易积存油污灰尘，而且不易清理。

（4）造型分析。首先，该机床整体结构的配置不当，各个部件与车床外形不协调、不统一。固定在机床外部的零件较多且零乱，破坏了机床外形的整体性。挂轮架外壳、床头箱（主轴箱）、进给箱、刀架、尾架、床身及台座等，造型复杂、陈旧，特别是箱体外的圆角半径较大，更加重了陈旧感和臃肿感。尾架具有复杂的流线型，但太过于呈现动感，这与机床的加工功能并不相符。

总之，ⅡT-1 型机床给人的感觉似乎是由各个不同的、彼此互不相干的零件组成的，这是由于机床的水平划分线和垂直划分线是弯转或折断形的，因此破坏了机床的整体性和统一感。

2. ⅡT-1（A）型机床造型设计

对ⅡT-1 机床结构、工艺性、使用性和造型特点的分析，为ⅡT-1（A）型机床的造型设计奠定了基础。造型设计者运用现代艺术造型的构思方法，同机床结构设计者密切配合，即可完成新型机床的形体的创造工作。

（1）合理的尺度及比例。机床主要部件之间，以及它们与整个机床结构之间的尺度和比例，对机床造型设计来说是至关重要。

如图 6-39 所示，在确定该机床的基本尺寸时，采用"黄金分割"的原则。如果机床的长度取 $M_0=1$，而高度为 M_1。其他部件的尺寸分别为 M_2，M_3，M_4，M_5，M_5。按着"黄金分割"的原则,则有 $M_1/M_0=M_2/M_1=M_3/M_2=M_4/Md_3=M_5/M_4=M_6/M_5=0.618$。

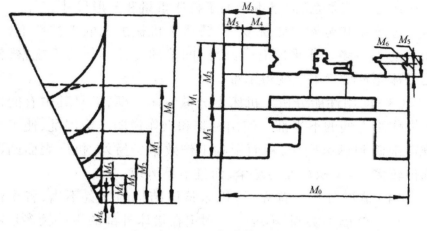

图 6-39　机床的基本尺寸

　　采用"黄金分割"比例关系,可使机床的轮廓更紧凑、机床各部件的尺寸关系更协调、肯定,大大增强了机床造型的美感。

　　（2）机床水平线的划分。机床以水平线作为整体布局的基准,各个部件之间均以水平线分割,如图 6-40 所示。其中：图 6-40a 是ⅡT-1 型机床上的不整齐的水平划分线,使机床造型无规则、无层次,显得零乱;图 6-40b 是ⅡT-1（A）型（第一方案）机床上的水平划分线。与ⅡT-1 型机床比较,水平划分线虽稍有改进,但仍显得不协调、不统一。图 6-40c 是ⅡT-1（A）型（第二方案）机床上的水平划分线,它不仅有严格的层次,消除了前面两种水平划分线的混乱现象,而且达到了统一和协调,为机床增添了精密感、规则感和稳定感。

　　（3）机床的垂直线划分。机床的垂直划分线不多,在其衬托下使机床的水平划分更加突出,如图 6-41 所示。其中,图 6-41a 是ⅡT-1（A）型机床上的垂直划分线,图 6-41b 是ⅡT-1（A）型（第一方案）机床上的垂直划分线。二者的共同缺点是垂直划分造型呈阶梯或中断状态,破坏了机床整体轮廓的规则性。图

6-41c 是ⅡT-1（A）型（第二方案）机床上的垂直划分造型，显得简练、规则、大方。

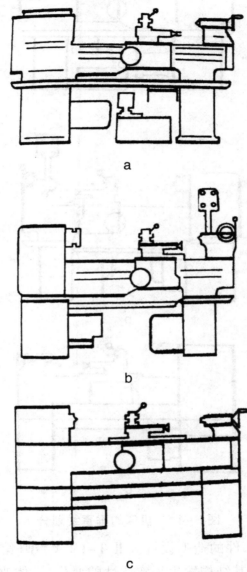

a

b

c

图 6-40　机床水平线的划分

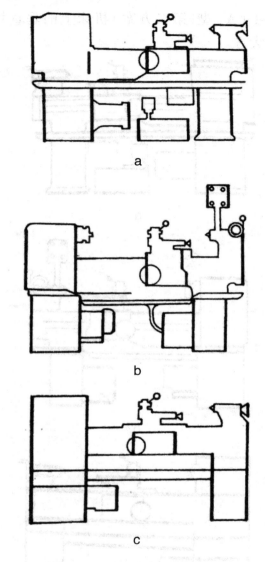

a

b

c

图 6-41　机床的垂直线划分

（4）其他部件的造型设计。ⅡT-1（A）型（第二方案）机床的造型设计,使其结构发生了实质性的变化,具体改进如下:

①取消了液屑槽下面的电器柜,电气设备改装在床头座内部,节省空间,方便了操作;

②冷却润滑液箱装在机床尾座内部;

③床头箱及进给箱的变速手柄安装在适当的位置上,电机开停及正反转采用长把手柄,以便于车工操作;

④整个机床涂以浅灰色,手柄端球采用黑色,增强了操纵手柄的对比度;

⑤液屑槽选用了直角造型,并涂以深色漆,在水平方向上加强了对机床的分割作用。

ⅡT-1（A）型新机床的最后形态如图 6-42 所示。

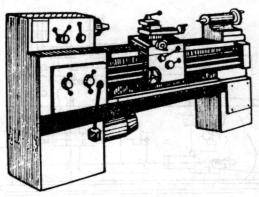

图 6-42　机床最后形态

（三）KⅡ-12 型卧式深孔钻床的造型设计

此机床主要用于钻削孔径 1 ~ 3 毫米、孔深 100 毫米以下的细长孔,如加工深径比大于 10 的燃油器喷嘴及各种特殊零件。

用加工细长孔的 KⅡ-10 型半自动机床作为修改设计的原型,如图 6-43 所示。

1.KⅡ-10 型机床特征

（1）结构分析。如图 6-43 所示,KⅡ-10 型机床主要构成部件包括 1- 工作台座、2- 电气设备、3- 调速器、4- 底座、5- 夹具罩、7- 钻头、8- 钻夹、9- 主轴电机、10- 主轴油缸换向阀、11- 油泵电机。

①底座 4 的有效容积不足,使电气传动系统的安装布局困难。

②主轴驱动电机 9 安装在主轴头架上,电机的震动直接传给

主轴（钻头），影响深孔加工。

③主轴与电机轴的中心距较小，带传动的绕转数增加，使传动带工作寿命降低。

④液压传动装置的油缸距离油泵较远，使油管的配置及整个液压系统的安装复杂化。

⑤主轴前没有设置钻削深度调整板或标桩，当改变加工零件时，机床的重新调整工作比较复杂。

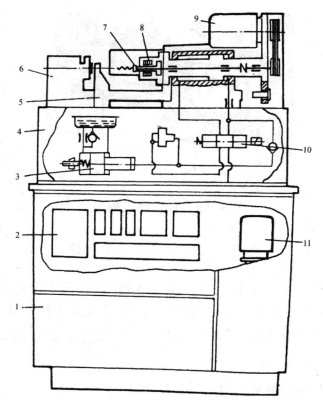

图 6-43　KⅡ-10 型半自动机床作为修改设计的原型

（2）工艺分析。该机床上的盖板较多，且形状及尺寸各不相同，为使他们在装配后平整、规矩，导致制造和装配的工艺复杂化。此外，控制台盖板及组合开关盖板的直角凹槽也是难以加工的。特别是由于存在加工误差，许多盖板之间的间隙大小不等，影响了机床的外形美观。

（3）使用性能分析。该机床没有把操纵机结构的布局与机床的轮廓尺寸及人体测量数据协调起来。如机床控制面板上的仪表高度 1.5 ～ 1.6 米。再加上控制面板上的按钮布局很满，表盘尺寸又不大，使工人操作很不方便，如图 6-44 所示。

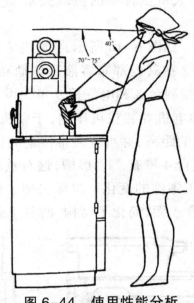

图 6-44 使用性能分析

（4）造型分析。如图 6-45 所示，该机床各部件之间缺乏配置上的联系，由许多盖板所形成的水平线及垂直线混乱无序，给人一种零乱感，破坏了机床的完整性。此外，机床右侧零部件呈堆积现象，在视觉上造成不平衡感，不符合造型的匀称法则。

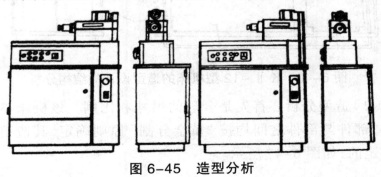

图 6-45 造型分析

2.KⅡ-12 型机床的造型设计

根据 KⅡ-10 型机床在结构、工艺、使用的造型上存在的问题，造型设计者同技术者一起设计了 KⅡ-12 型机床。该机床的结构特点、工艺性、人机工程学的协调关系及美学特性都较原机床先进。

（1）结构分析。如图 6-46 所示，1 是机床的台座与底座合拼成一个整体机座。2 在其内部布置液压传动和冷却润滑液设置，3 是比较宽裕的。控制台 8 和电气柜 9 单独设置在一个隔开的封闭空间里。钻主轴电机 6 装在机座内，于钻头架 5 的下面，这样可以加大二者之间的距离，并可安装带传动的张紧装置。

夹具安装工作台 4 带有"T"形槽，这对重新调整机床是比较方便的，以适应加工零件的变化。机床去掉了钻头架与台座之间的底座，减少了凑合表面，简化了结构，改善了制造的工艺性。

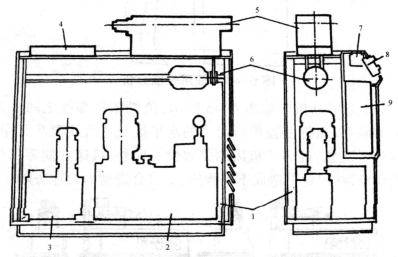

图 6-46　KⅡ-12 型机床的造型设计的结构分析

（2）造型分析。首先是合理的尺寸和比例。该机床整体与部件、部件与部件之间均按"黄金分割"原则确定，其造型效果是肯定的，如图 6-47 所示。

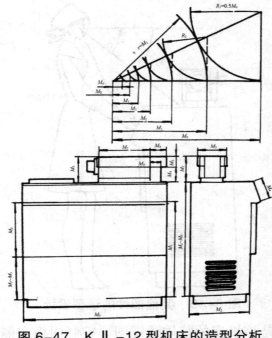

图 6-47　K Ⅱ -12 型机床的造型分析

②线型组织。如图 6-48 所示,该机床是以有规律的、重复的水平线划分的,而且这些水平线主要呈现在机座及钻削头的划分上,因此又显得简洁、大方,有结构次序和条理美。

垂直划分线不明显,多为不见的垂直轮廓构成,这样更强化了水平划分线的作用。

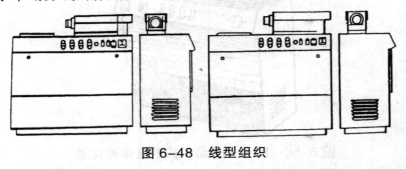

图 6-48　线型组织

(3)其他部件的造型设计。在机座的前方立面上设置了稍凸出并倾斜的控制面板,其上有规律地安装控制按钮和显示仪表,其位置高度符合人机协调关系,使人方便操纵和观察,如图 6-49 所示。

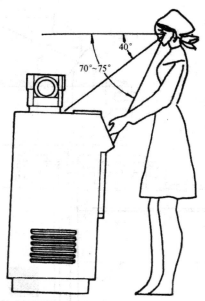

图 6-49　其他部件的造型设计

　　图 6-50 是该机床的整体透视图。控制面板左侧是制造厂家标志,中间、右侧是控制按钮和显示仪表。

　　整个机床呈浅灰色,控制面板为金属铝色,机座盖为深色,以强调机床的水平分割。

图 6-50　K Ⅱ -12 型机床的整体透视图

参考文献

[1] 缪莹莹,孙辛欣.产品创新设计思维与方法 [M].北京:国防工业出版社,2017.

[2] 王石峰,王森,张春雷.工业产品造型设计 [M].哈尔滨:东北林业大学出版社,2016.

[3] 张萍.工业产品造型设计 [M].北京:机械工业出版社,2016.

[4] 胡俊,胡贝.产品设计造型基础 [M].武汉:华中科技大学出版社,2017.

[5] 王介民.工业产品艺术造型设计 [M].北京:清华大学出版社,2017.

[6] 曹祥哲.产品造型设计 [M].北京:清华大学出版社,2018.

[7] 冯娟,王介民.工业产品艺术造型设计 [M].北京:清华大学出版社,2004.

[8] 杨向东.工业设计程序与方法 [M].北京:高等教育出版社,2008.

[9] 田野,王妮娜.工业设计程序与方法 [M].沈阳:辽宁科学技术出版社,2013.

[10] 吴翔.产品系统设计 [M].北京:中国轻工业出版社,2017.

[11] [日]清水吉治著;张福昌译.工业设计草图 [M].北京:清华大学出版社,2013.

[12] 杜海滨, 胡海权. 工业设计模型制作 [M]. 北京: 中国水利水电出版社, 2012.

[13] 穆存远, 杜海滨. 工业设计图学 [M]. 北京: 机械工业出版社, 2011.

[14] 赵真. 工业设计模型制作 [M]. 北京: 北京理工大学出版社, 2009.

[15] 李乐山. 工业设计思想基础 [M]. 北京: 中国建筑工业出版社, 2007.

[16] 陈圻, 刘曦卉. 设计管理理论与实务 [M]. 北京: 北京理工大学出版社, 2010.

[17] 赵得成, 李力, 谌凤莲. 产品造型设计——从素质到技能 [M]. 北京: 海军出版社, 2016.

[18] 陈振邦. 工业产品造型设计 [M]. 北京: 机械工业出版社, 2014.

[19] 杨梅, 张鑫. 工业产品造型设计 [M]. 北京: 化学工业出版社, 2014.

[20] 高瞩. 工业产品形态创新设计与评价方法 [M]. 北京: 清华大学出版社, 2018.

[21] 李龙生. 设计美学 [M]. 合肥: 合肥工业大学出版社, 2008.

[22] 赵军. 产品创新设计 [M]. 北京: 电子工业出版社, 2016.

[23] 伏波. 产品设计——功能与结构 [M]. 北京: 北京理工大学出版社, 1994.

[24] 郑健启. 设计方法学 [M]. 北京: 北京大学出版社, 2007.

[25] 高楠. 工业设计创新的方法与案例 [M]. 北京: 化学工业出版社, 2006.

[26] 李彬彬. 设计效果心理评价 [M]. 北京: 中国轻工业出版社, 2005.

[27] 何晓佑, 谢云峰. 人性化设计 [M]. 南京: 江苏美术出版社, 2001.

[28] 刘国余.产品设计 [M].上海：上海交通大学出版社，2000.

[29] 张琲.产品创新设计与思维 [M].北京：中国建筑工业出版社,2005.

[30] 倪培铭.计算机辅助工业设计 [M].北京：中国建筑工业出版社出版,2005.

[31] 张荣强.产品设计模型制作 [M].北京：化学工业出版社出版,2004.

[32] 江湘云.设计材料与加工工艺 [M].北京：北京理工大学出版社,2004.

[33] 秦骏伦.创造学与创造性经营 [M].北京：中国人事出版社,1995.

[34] 张艳河,杨颖,韦明俊等.一种基于产品语义关联的设计方法 [J].计算机集成制造系统,2008,（6）.

[35] 初建杰,路长德,余隋怀等.定制设计的产品形态设计系统研究 [J].西北工业大学学报,2006,（1）.

[36] 韦俊民,金隼,林忠钦等.产品族设计中的零件相似性评价方法 [J].上海交通大学学报,2007,（8）.

[37] 白仲航,杨培,李向东.基于技术预见工具的产品创新特征研究 [J].机械设计,2016,（11）.

[38] 周雯,陈登凯,杨延璞等.基于组合原理和遗传算法的产品形态创新设计 [J].计算机工程与应用,2014,（10）.

[39] 张磊,葛为民,李玲玲等.工业设计定义、范畴、方法及发展趋势综述 [J].机械设计,2013,（8）.

[40] 杨大松.产品设计的形态观及形态品质塑造研究 [D].南京：南京林业大学,2008.

[41] 骆磊.工业产品形态人机设计理论方法研究 [D].西安：西北工业大学,2006.

[42] 孙菁.基于意象的产品造型设计方法 [D].武汉：武汉理工大学,2007.